U0381868

冲突性环境事件中的传播与行动

——以北京六里屯和广州番禺居民反建垃圾焚烧厂事件为例

◎ 尹瑛 著

CHONGTUXING HUANJING SHIJIANZHONG
DE CHUANBO YU XINGDONG
——YI BEIJING LIULITUN HE GUANGZHOU
PANYU JUMIN FANJIAN LAJIFENSHAOCHANG
SHIJIAN WEILI

中国社会科学出版社

图书在版编目(CIP)数据

冲突性环境事件中的传播与行动：以北京六里屯和广州番禺居民反建垃圾焚烧厂事件为例 / 尹瑛著. —北京：中国社会科学出版社，2016.9
ISBN 978 – 7 – 5161 – 8634 – 3

Ⅰ.①冲…　Ⅱ.①尹…　Ⅲ.①环境污染 – 群体性 – 突发事件 – 传播媒介 – 研究 – 中国　Ⅳ.①X507②G206.2

中国版本图书馆 CIP 数据核字(2016)第 170132 号

出 版 人	赵剑英	
责任编辑	任　明	
特约编辑	纪　宏	
责任校对	王　影	
责任印制	李寡寡	

出　　版	中国社会科学出版社	
社　　址	北京鼓楼西大街甲 158 号	
邮　　编	100720	
网　　址	http：//www.csspw.cn	
发 行 部	010 – 84083685	
门 市 部	010 – 84029450	
经　　销	新华书店及其他书店	

印刷装订	北京市兴怀印刷厂
版　　次	2016 年 9 月第 1 版
印　　次	2016 年 9 月第 1 次印刷

开　　本	710 × 1000　1/16
印　　张	11.75
插　　页	2
字　　数	199 千字
定　　价	55.00 元

摘　　要

　　本研究以北京六里屯和广州番禺垃圾焚烧厂反建事件为分析对象，运用"过程－事件分析法"，在还原公众参与微观过程的基础上，重点讨论了冲突性环境事件中传播与行动的互动关系问题。研究发现，不同案例中公众差异化的媒介近用状况对公众参与路径、方式的选择，以及参与目标的设定等均具有显著影响；在缺乏媒介支持的条件下，行动抗议常常成为参与者竞逐体制内权力的重要手段。研究还发现，无论是传统媒体还是新媒体都并不必然积极介入社会运动，其公共性的实现与公众策略性传播活动所建构出的行动意义密不可分，从这个角度说，公众参与推动的不仅是特定决策的民主化，同时也创造出先于体制的自由表达空间，为媒体传播赋权，建构出基于特定情境的传媒公共性。

　　关键词：公众参与；媒介近用；话语权；风险博弈；传媒公共性

Abstracts

This research mainly studies and explores the interactive relationship between the communication and action in the conflicting environmental events, taking the events of the public objection to the establishment of the waste incineration plants in Liulitun Beijing and Panyu GuangZhou as analysis objects. All analysis are based on the reduction of the microscopic public participation in these cases. Researches have shown that in different cases, the differences among the public when they access to the media have significant impacts on the path, manner and target setting of public participation. Under the condition with no support from the media, the protests usually become an important way for the participants to compete for the power within a system. This study also found that whether the traditional media or new media are not necessarily involved in social movement. The realization of the publicity of media is closely related to the significance of the action which constructed by the public's strategic communication activities. From this perspective, public involvement not only promotes the democratization of specific decision – makings, but also creates the free space for expression prior to the existing systems, empowers the media communication, and constructs the publicity of the media which based on the specific situation.

Key Words: Public Participation; Access to the Media; the Right of Discourse; Risk Game; the Publicity of Media

目　　录

绪　　论

一　研究缘起与议题背景

自 1978 年党的十一届三中全会做出改革开放的历史性决策以来，中国的经济发展迅猛，进入了社会快速转型阶段。改革开放前 20 年（1978—1998）的发展远远超过以前 140 年的总和（刘祖云，2005：23）。进入新世纪以来，我国经济增长的速度仍然保持在较高水平，但这种快速发展同时是以牺牲环境为代价的，以至于西方发达国家上百年工业化进程中分阶段出现的环境问题在我国却以集中方式出现。2005 年英国《自然》杂志的一篇文章中亦指出，中国在过去 20 年因污染和生态危害造成的损失占每年国民生产总值的 7%—20%，生态恶化对人类健康的影响极为严重，一年中有 30 万人因空气质量问题死亡，世界上 20 个污染最严重的城市中有 16 个在中国，这些城市的癌症发病率排在全球前列[①]。亚洲开发银行和清华大学联合发布的调查报告《迈向环境可持续的未来——中华人民共和国国家环境分析》也显示，尽管中国政府一直在积极地运用财政和行政手段治理大气污染，但形势仍然很严峻，中国最大的 500 个城市中，只有不到 1% 达到世界卫生组织空气质量标准，世界上污染最严重的 10 个城市之中，有 7 个位于中国[②]。

日益严重的环境问题所带来的后果不仅仅是生态的破坏和对人类健康的威胁，还同时成为了社会冲突的直接诱因。从我国环境统计公报历年来所公布的相关数据中可以发现，2006 年，因环境纠纷而引起的群众来信

---

① 乔纳德·波立德：《中国：最能引起环保者关注的国家》，杨东平主编：《2006：中国环境的转型与博弈》，社会科学文献出版社 2007 年版，第 319—320 页。

② 张庆丰、罗伯特·克鲁克斯：《外向环境可持续的未来——中华人民共和国国家环境分析》，中国财政经济出版社 2012 年版，第 46 页。

来访总数较 1992 年相比增长了 5 倍之多①。而信访问题得不到妥善解决则易于转化为群体性事件。近年来，因环境问题引发的群体性事件以年均 29% 的速度递增，仅 2005 年，全国就发生环境污染纠纷 5.1 万起，且对抗程度明显高于其他群体性事件（童志峰，2008）。这些数据充分显示，目前我国已经进入了环境群体性事件的多发期，因环境问题而引发的各种社会矛盾与冲突正在成为引发群体性事件的主要原因之一。环境问题对社会发展的影响已远不仅表现在资源短缺、生态恶化对经济发展速度的阻碍，更表现在由此所引发的环境抗议、环境冲突、公共危机等对社会正常秩序的影响，而对这些冲突性事件处置的不当更直接威胁着公众对政府的信任以及政府执政的合法性，考验着转型期政府的执政能力。

在此方面，近年来接连发生的居民抗议垃圾焚烧厂的事件可以说正是我国转型社会下冲突性环境事件的一个缩影，集中体现出转型期环境问题与社会冲突之间的内在逻辑关联。有数据显示，我国每年垃圾总量高达 1.6 亿吨，占世界总量的 1/4 以上，且以 8%—10% 的速度增长，少数城市的增长速度甚至高达 15%—20%②。根据发达国家所经历的过程，预计到 2020 年至 2030 年间，当中国人均 GDP 达到 5000 美元时，垃圾的年增长速度会在 2009 年到 2019 年间从 7% 下降到 4%。即便如此，到 2030 年，如果不考虑废品回收减少的那一部分垃圾，中国每年的城市生活垃圾产生量将达 4.2 亿吨，是现在美国所有城市生活垃圾总量的 1.7 倍③。可以说，"垃圾围城"已经成为我国城市发展进程中迫在眉睫、亟待解决的问题。

为解决该问题，《全国城市生活垃圾无害化处理设施建设"十一五"规划》提出了鼓励在经济发达、土地资源紧张、生活垃圾热值符合条件的城市，在有效控制二噁英排放的前提下，可优先发展焚烧处理技术；并提出要减少东部地区、经济发达地区的原生生活垃圾填埋量，节省土地资源，鼓励选用先进的焚烧处理技术，"十一五"末东部地区设市城市的焚

---

① 1992 年因环境问题群众来信来访总数为 135068 次，2006 年为 687409 次，相关数据详见历年全国环境统计公报。

② 数据见侯吉聪、董仁杰：《城市固体生活垃圾处理国际经验与国内实践》，《水工业市场》2007 年第 5 期，第 30 页。

③ 数据见毛达、赵昂：《新垃圾危机：城市生活垃圾问题：首先扭转"舍本逐末"的局面》，2009 年 11 月 13 日，自然之友（http://www.fon.org.cn/content.php? aid = 12130）。

烧处理率不低于 35% 的发展目标。《"十二五"全国城镇生活垃圾无害化处理设施建设规划》也进一步提出，到 2015 年底，生活垃圾焚烧处理设施能力占全国城市生活垃圾无害化处理能力的 35%，其中东部地区达到48%。换言之，对于城市生活垃圾的无害化处理而言，采取垃圾焚烧办法进行处理是未来的趋势所在。

而为推动垃圾焚烧技术的发展，我国政府在 2006 年就出台了的《可再生能源发电价格和费用分摊管理试行办法》中，国家对垃圾焚烧发电的供电还给予长达 15 年的 0.25 元/度的政策补贴，以鼓励各地采取垃圾焚烧技术处理垃圾。同时国家针对垃圾发电还采取多项优惠政策予以保护：一是发电量全部收购；二是免除了增值税的征收，并在所得税上享受减免政策；三是国家以垃圾处理补贴的方式向企业支付服务费，即所谓的垃圾处置费。巨大的利润诱惑正是企业积极投身于该行业的重要推动力。① 短短几年时间，北京、上海、南京、广州、武汉等地的垃圾焚烧项目纷纷上马，而由此所引发的冲突性事件也频频发生。②

2007 年 6 月 5 日世界环境日当天，近千名北京六里屯居民身穿印有"反对建设六里屯垃圾焚烧厂"字样的白色 T 恤，手举"要生命不要二噁

① 政策税收优惠、政策电价优惠和垃圾处理补偿费，可以说是垃圾发电的三大经济支柱，尽管相关政策规定对于垃圾焚烧发电产业链条上各方利益如何补偿、社会成本如何分摊等问题尚缺乏明确界定，但从目前我国已建成的垃圾焚烧发电厂来看，多采用 BOT 特许经营模式，企业投资成本相较于特许经营期所能获得的利润而言是不值一提的，因此，政策扶持下的利润引力是推动垃圾焚烧发电项目遍地开花的重要力量。相关论述可参见：利润是垃圾焚烧发电项目遍地开花的驱动力，2009 年 8 月 13 日，中国固废网（http://news.solidwaste.com.cn/k/2009-8/20098131708259020.shtml）。

② 但也就是在 2007—2010 年全国多地发生垃圾焚烧厂抗议事件之后，我国政府对垃圾焚烧企业的相关政策在也不断发生变化。以政策电价优惠为例，2012 年 4 月 1 日起正式执行的《国家发展改革委关于完善垃圾焚烧发电价格政策的通知》对过往的垃圾焚烧发电补贴政策进行了修订，通知明确规定"以生活垃圾为原料的垃圾焚烧发电项目，均先按其入厂垃圾处理量折算成上网电量进行结算，每吨生活垃圾折算上网电量暂定为 280 千瓦时，并执行全国统一垃圾发电标杆电价每千瓦时 0.65 元（含税）；其余上网电量执行当地同类燃煤发电机组上网电价。"这也就意味着，垃圾焚烧发电企业每焚烧一吨垃圾所发的电量中，只有 280 度电可以享受垃圾发电的价格补贴，超出部分仍按照常规发电项目的电价计算。通知同时还明确"对虚报垃圾处理量、不据实核定垃圾处理量和上网电量等行为，将予以严肃查处，取消相关垃圾焚烧发电企业电价补贴，并依法追究有关人员责任。"可以说，这种政策修订部分体现出了公众参与过程中对垃圾焚烧企业及其运营的相关质疑对政府垃圾焚烧相关政策及监管制度的完善与修订的推动作用。

英"、"请求环保总局依法执政为民做主"等标语，聚集在国家环保总局①门口，请求停建六里屯垃圾焚烧厂。2008年8月30日，数百名高安屯居民也手持标语、戴着口罩走上街头，并拦截垃圾车，抗议高安屯垃圾填埋场臭气污染，并反对高安屯垃圾焚烧厂的运行，并在随后的几个月多次采取散步"买菜"、集体"过马路"等行动表示抗议，并打出"反对二噁英"、"还我新鲜空气"等口号②。2009年10月22日，得知江苏吴江平望垃圾焚烧厂即将点火，上万平望居民包围了垃圾焚烧厂，并发展到拥堵国道，造成当地交通瘫痪，其间与3000多警察对峙并发生冲突，引发全国关注。2009年11月23日，近千番禺居民"散步"至广州市政府门前，呼吁政府尊重民意，停建番禺垃圾焚烧厂。2010年1月9日，广州李坑垃圾焚烧厂发生爆炸事故，随后不久李坑二期工程竟悄然开工，村民发现后在1月19日和20日连续两天到李坑垃圾焚烧厂门口静坐抗议，人数达近千人；而在当月23日广州市城管委公开接访日当天，又有数百名李坑村民聚集在城管委门口高喊"反对垃圾焚烧"等口号要求上访，随后又"散步"至广州市政府再度表达了抗议。2013年7月15日，广州花都狮岭镇13个经济联社的数千民众游行至当地镇政府，抗议当地政府在垃圾焚烧项目上"脱离群众"，游行队伍一度长达数公里，持续4个多小时，在得到当地政府3天后答复的承诺后才逐渐散去；③19日，反对花都狮岭垃圾焚烧厂选址的游行活动再次进行，据现场网友称，当天参与人数破万人。而除了这些规模相对较大的抗议垃圾焚烧项目的事件之外，从2007年北京六里屯居民反建垃圾焚烧厂项目至今，全国多个地方都先后发生居民因反对当地垃圾焚烧项目而集体抗议的事件。各地民众因垃圾焚烧项目而进行抗议的事件在近些年来频频发生，实际上体现的是我国转型期公众环境意识的崛起与政府相应管理与决策机制滞后之间的激烈冲突。

　　换言之，垃圾围城体现的不仅仅是我国城市化加快过程中政府对相关

---

① 国家环保总局2008年3月升级为国家环保部，故在此时间点之前本文一律使用国家环保总局这一称谓，之后的则使用国家环保部。

② 相关报道详见杨猛等：《还我新鲜空气》，2009年4月20日，《南都周刊》（http：//www.nbweekly.com/Print/Article/7553_0.shtml），张守刚：《高安屯环保反击战》，2009年4月20日，《南都周刊》（http：//www.nbweekly.com/Print/Article/7551_0.shtml）。

③ 《广州数千人游行抗议垃圾焚烧项目》，2013年7月16日，文汇网（http：//news.wen-weipo.com/2013/07/16/IN1307160030.htm）。

事务疏于管理的结果，同时也是改革开放以来政府工作重心持续放在经济
建设上，忽略对社会公共事务的有效管理所引发的一个突出矛盾所在。以
垃圾处理政策来说，我国政府虽然从20世纪90年代就开始提出并尝试推
行垃圾分类，但时至今日，垃圾处理上仍然是混合收集为主。这种垃圾处
理源头控制的不足与城市化进程中垃圾增速的加快加剧了城市垃圾处理的
困境；而垃圾焚烧技术则因为其日处理量大、占地面积小等特点也正成为
政府破解危机的首选。

　　事实上，早在世界银行2005年对中国废弃物管理的问题与建议的报
告中就曾明确提出，中国需要提高“废弃物管理分级”，在采用其他废弃
物处置方法前，应当加大对废弃物的减量化和循环使用的管理；报告中虽
然肯定了土地稀少的大城市采用垃圾焚烧技术的可能性，但同时亦指出，
垃圾焚烧与资源的回收与再利用实际上是相悖的两个方向，由于我国的垃
圾焚烧厂一般都采取特许经营的方式，特许经营的年限多在20—30年，
项目由私人承包商运营，他们一般会有“协议照付”原则，保证城市提
供最低废弃物量，因此，一旦大规模上马垃圾焚烧厂将不利于废弃物减量
与循环利用①。

　　就这种可能引发严重环境风险的公共决策而言，无论如何，至少项目
周边居民作为风险的直接承担者理当参与到政府决策之中；而如果从公共
政策的民主决策的角度来说，更大范围的公共讨论对于此项政策的决策民
主化亦十分之必要。然而，由于缺乏有效的公众参与的制度设计，公众经
由合法化、制度化管道参与相关决策仍非易事，加之转型期应对多发社会
矛盾过程中政府公信力本身受到质疑，公众对开放化制度参与管道的表达
效果颇存疑虑，导致直接诉诸行动抗议的利益表达方式成为公众竞逐体制
内权力资源的重要途径，由此引发社会冲突。

　　应当说，社会冲突的根源产生于冲突双方利益的对立，群体性事件频
发反映的正是我国社会利益的多元化及其冲突的激烈性。利益主体与利益
意识的分化使得利益的公开博弈渐成趋势，由于底层民众常缺乏有效博弈
的资源，使得博弈常诉诸集体行动的方式，凸显出体制内利益表达与协商
机制建设的重要性（许章润，2008；孙立平，2004a，2005；于建嵘，

---

① 世界银行东亚基础设施部城市发展工作报告：《中国固体废弃物管理：问题和建议》，
2005年5月（http://www.worldbank.org.cn/Chin...e - Management_ cn.pdf）。

2008）。在此背景下，大众传媒作为社会体制性利益表达管道中重要一环，常常被社会寄予厚望，希望借助于媒体公共领域将公共权力纳入舆论的监督之下，从而使公共利益成为可能。

从作为专业的新闻业来说，公共性是传媒存在价值的重要体现，而新闻业自身也的确是"一种以高度的公众服务观念为依归的行业"（Schramm，1992：370），在其专业主义意涵之中也包含着"社会托管者专业主义（social trustee professionalism）"和"公民专业主义（civic professionalism）"这样的民主社会目标（Freidson，2001：131），媒体与民主之关系也一直都是新闻传播领域研究的核心问题，如何避免国家和市场对于传媒的侵蚀，保障传媒公共性的实现是使传媒成为维系民主的重要纽带所不可回避的内容。

具体到我国的传媒实践，30多年的新闻改革固然使得媒体促进了国家——社会这个二元结构中社会这一极的成长，但这种改革本身是以党的利益、国家利益、市场内生发的集团或阶级利益相互博弈、协调的政治过程，缺乏将公共利益、公平、公正等民主价值准则作为改革的起点（潘忠党，2008），带有强烈的"束缚创新"（陈怀林，1999）的意味，使得在新闻专业主义的实践层面表现出"临场发挥"的显著特性（潘忠党，1997a），其实践缺乏政治、经济和行业间的制度原则的支持与保障，难以简单套用抽象的新闻专业主义理念或规范来予以评价或衡量，而只能是基于实践场景来进行观察与讨论（参见陆晔、潘忠党，2002；陆晔，2005）。因此，在这种"党国体制"不变的传媒体制基础上，国家和市场对传媒的双重控制使得传媒的话语表达所体现的是社会传播资源在不同社群中分配的现实状况与逻辑，或者用夏倩芳、张明新（2007）的话来说，大众传媒作为我国重要的体制化利益表达管道，其所体现的是媒体与政府、利益集团和公众间的关系状态乃至整个社会的权力结构状况。

因此，不同社群近用媒介进行表达的差异化状况不仅是他们在社会结构中所处位置的体现，同时也将影响他们参与过程中对于参与路径、行动方式、话语策略等的选择。这种利益表达的传播实践活动并非仅仅诉诸媒介的公开报道，为争取传播权利而采取的一切传播行动都应当被视为公众利益表达实践的重要组成部分。笔者试图通过这种界定来摆脱传统新闻学研究的传媒中心主义的偏向，将公众还原为传播活动的主体，从作为事件中参与主体的公众的视角出发来考察公众参与过程中的传播与行动过程及两者之相互关联。

二　研究视角及问题

　　垃圾焚烧争议起因于焚烧产生的二噁英及其可能导致的重大环境风险，这种风险的后果难以预测且不可逆转，即便是专家亦无法对其作出准确预测或给出绝对安全的风险规避措施。相关风险决策不再仅仅是简单的技术取舍问题，它还关涉到与普通公众日常生活紧密相关的文化伦理等层面的问题。为此，有关风险规制的理论多强调公众日常经验在风险决策过程中的重要作用，而研究者为应对这些风险社会治理危机所开出的"药方"多离不开"公众参与"这一核心理念（贝克，2004a，2004b；阿赫特贝格，2003；Frewer，1990；McGairity，1990；Rowe&Frewer，2000；Webleretc.，2001；Renn，1993；Chess&Purcell，1999；Hampton，1999）。

　　所谓"公众参与（Public Participation）"，就是针对某一特定事项，由政府、利益相关方、公众等与决策相关或受决策结果影响的各方在法律所赋予的权利与义务范围内，为达成一致的共识与共同的目标所衍生出的一系列的"联系、协调、沟通、妥协"等"双向对话、双向交流"的行为、活动与过程（参见王凤，2007）。公众参与是对公民权利的一种表述，是对权利资源的一种再分配，通过这种再分配，排除在政治和经济过程之外的穷人得以被吸纳到决策体系之中，并分享到社会富裕的好处（Arnstein，1969：216）。

　　对正处于转型期的中国社会而言，一方面，权利与利益的失衡已经成为社会学家对社会结构的一种普遍评价，多元利益主体利益的合法性也已经得到认可；但另一方面，利益表达与协商的有效机制却又尚未建立，利益博弈的合法化没有完全实现，不同社群所享有的利益表达权利在实质上是不平等的。因此，协调利益关系的机制的建设显得尤为重要，这种机制包括利益表达机制、利益博弈机制和制度化解决利益冲突的机制等，而利益表达机制是首要的，没有有效的利益表达机制，其他利益协调机制均无从谈起。（参见孙立平，2004a，2004b，2005，2006，2008）从这个角度说，政府决策之前的公众参与不仅是保障决策民主化、合法化的重要要件，同时也是避免决策后因公众利益未能得以体现而引发社会冲突的关键所在。我国政府亦已经意识到了这种危机的存在，党的"十七大报告"就明确提出要"从各个层次、各个领域扩大公民有序政治参与，最广泛地动员和组织人民依法管理国家事务和社会事务、管理经济和文化事业"①，"十八大报告"则进一步提出"加快推进社会主义民主政治制度化、规范化、程序化，从各层次各领域扩大公民有序政治参与，实现国家各项工作法治化。"② 执政党的这种宣示虽然为我国公众的广泛参与赋予了政治合法性的基础，但就公众参与的实践层面而言，制度化管道不足、参与缺乏程序及有效性保障等问题却仍是妨碍公众参与有效实现的重要因素，使得以媒体为中介的公共协商成为公众参与的重要实践方式。

必须强调的是，以媒介为中介的公共协商首先依赖于传媒自身公共性的建构，在协商过程中，传媒应当作为中立、平等、公开、自由的讨论平台，为来自社会不同社群的各方意见及观点提供表达平台。李艳红（2006）曾以我国收容遣散制度的废止和圆明园铺设防渗膜这两个议题的媒体报道为例，分析了市场、新闻专业主义和消息来源共同推动下的传媒实践在我国公共政策制定过程中的参与作用，认为媒体在表达意见的同时也在形塑社会意见，并通过这种形塑影响着社会成员对这些议题和事件的基本观点，也为社会意见的商议、凝聚与共鸣提供了平台，这一研究为研究提供重要借鉴意义。但是，由于其所讨论的两个议题中的参与主体均不是普通公众而多为专家、学者、环境 NGO 组织，且研究主要建立在对媒体报道文本的分析之上，难以充分展现出他们微观参与的传播与行动过程。同时，专家、学者、环境 NGO 组织虽然作为民间信源体现出"社会"对国家公共事务的参与，但是毕竟不同于缺乏身份、知识权力与组织资源的普通民众的参与，专家、学者和环境 NGO 组织因为其在传播资源、知识储备以及组织化的传播策略上的优势有可能更为易于近用到媒介来设定媒介议程。在此方面，曾繁旭（2009）从消息来源社会学的角度对我国环境 NGO 组织的媒介近用策略的研究已经部分证实了这点。但这些研究所关注得更多的是常态化的议题而非引发直接社会冲突的议题，而在我们所观察到的诸多冲突性环境事件中，普通民众恰恰是参与并影响政

---

① 胡锦涛：《高举中国特色社会主义伟大旗帜　为夺取全面建设小康社会新胜利而奋斗——在中国共产党第十七次全国代表大会上的报告》，2007 年 10 月 15 日，新华网（http://news. xinhuanet. com/newscenter/2007 - 10/24/content_ 6938568_ 5. htm）。

② 胡锦涛：《坚定不移沿着中国特色社会主义道路前进 为全面建成小康社会而奋斗——中国共产党第十八次全国代表大会报告》，2012 年 11 月 19 日，新华网（http://www. xj. xinhuanet. com/2012 - 11/19/c_ 113722546. htm）。

府决策的重要力量，因此有必要将他们参与过程中的媒介使用与表达状况及问题纳入到研究者的视野之中。

在就传媒对公共政策的参与问题进行讨论时需要首先要明确的一点还在于，以传媒为中介的这种协商所依赖的传媒的公共性并非生而有之。由于我国媒体"党国控制"的新闻体制尚不可改变，媒体运作不可避免地受到来自国家和市场双重压力的挤压，传媒公共性的建构也因此受到影响。不仅如此，在当下以"和谐社会"建设为核心理念的社会条件下，政府基于维护社会稳定的需要，在面对可能引发社会冲突或不安的信息时可能主动予以遮蔽，有选择地向媒体发布某些信息，使得媒体在满足公众知情权方面存在先天障碍，其社会语境功能亦被削弱，使得受政府相关决策直接影响的公众成为了感知、揭示和放大问题的关键性力量，他们的积极行动与策略性传播活动也就成为传播学研究者值得关注的问题。

换言之，就冲突性环境中的公众参与而言，大众传媒固然在其中扮演着至关重要的角色，是公众实现对政府公共政策的知情、表达、参与和监督的重要平台，但其功能的实现又不是简单建立在应然的假设之上，而是植根于实然的传播实践之中的。

综上所述，对于垃圾焚烧政策这一存在潜在重大风险的公共政策决策而言，由决策所引发的社会冲突一方面与决策过程中公众参与的制度性建设不足有关，另一方面也与事发后体制对于公众参与要求的吸纳管道或者说协商机制的匮乏有关。因此，对处于制度革新和转型过程中的中国社会而言，政府如何做到民主决策，公众如何有效参与决策都仍是有待于在摸索中不断创新的议题，同时也是社会研究者关注与讨论的重要命题，而大众传媒作为至关重要的体制性表达管道，在公众参与中又扮演着什么角色同样是传播学研究者值得关注的问题。

以下主要从公众参与与民主、公众参与与媒体公共领域以及公众参与与资源动员的视角来对本研究将使用的研究视角与理论资源进行梳理。

（一）公众参与与民主理论

科恩（1988：10）曾将民主界定为"一种社会管理体制，在该体制中社会成员大体上能直接或间接地参与或可以参与影响全体成员的决策"。公民参与是保障民主制度产生预期政策效果的必要条件，是种将公共偏好转化为公共政策的机制（猪口孝等，1999：5）。尽管民主理论家无不将公民的参与视为民主政府合法性的重要依据，但在公民如何参与上却出现了分歧。在当代西方主流民主理论框架中，以代议制民主为代表的自由主义取向的民主理论占据了主导地位，对于多数人而言，参与更多只能通过参加选举投票表达对决策者的意见，相当于将国家的治理托付给了社会极少数的精英分子，但却又同时缺乏对他们在任期间的有效监督，它关注的在于寻求一种保护个人自由免受侵害的民主机制。巴伯（2006：4）将这种民主称为"弱势民主"，认为其民主的价值是谨慎的、暂时的、相对的和有条件的，服务于排他性的个人主义企图与私人目的。将公民权化约为投票权的简单做法实际上是背离民主的本质精神的，使得民主所依赖的作为民主基础的公民个体逐渐远离了政治生活，导致了民主的危机。在这种背景下，参与式民主理论逐渐兴起。

佩特曼（2006）在总结卢梭、密尔、科尔等历史上的参与民主理论家的观点后指出，真正的民主应当是所有公民直接充分参与公共事务的决策的民主，从政策议程的设定到政策的执行，都应该有公民的参与，在他看来，与人们生活紧密相关的领域（如社区和工作场所）是公民参与政治的最恰当的领域。而巴伯强化了这种思想，主张将参与领域扩展到政治领域，提出了作为生活的政治的强势民主理论，强调参与式民主与公民身份之间的关系，"参与模式中的强势民主是在缺乏独立根基的情况下，通过对正在进行中的、直接的自我立法的参与过程以及对政治共同体的创造，将相互依赖的私人个体转化为自由公民，并且将部分的和私人的利益转化为公益，从而解决冲突"（巴伯，2006：181）。协商民主理论作为参与式民主理论的最新发展成果则进一步主张将公民参与扩大到更广泛的领域，其理论的核心概念是公共协商，即政治共同体成员参与公共讨论和批判性审视具有集体约束力的公共政策的过程，它所强调是通过对话、交流、协商达成共识的过程（参见陈家刚，2004，2005）。作为一种决策形式，协商民主强调对受决策影响的公民的差异化利益的包容，通过自由公开地信息交流，以及赋予理解问题和其他观点的充分理由来促成不同意见各方的相互理解，实现平等参与的实质性政治平等以及决策方法和确定议程上的平等，而合法性是其最主要的特征，这种合法性源于协商参与者通过自由、公开、平等讨论形成的共识，是集体理性反思而非个人意志的结果；它既排除来自外部力量的强制，同时也排除来自参与者内部不平等所造成的强制（科恩/转见哈贝马斯，2003：379），也只有满足这些条件的协商过程才能够形成具有民主合法性的决策。

　　西方公众参与的兴起以参与式民主理论和协商民主理论的发展为理论
基础，是代议制危机之下的产物，与政府为挽回日益衰落的公众信任，增
强其统治的合法性的历史背景密不可分的。这种以公众对公共事务决策的
积极有效参与为核心理念的民主形式在西方也被称为"Everyday Democra-
cy（每日的民主或日常的民主）"，强调的是公众对事关公共利益的政府
决策过程的参与及影响。（参见蔡定剑，2009a）但不同于以代议制民主
为基础的西方国家的公众参与，我国的公众参与模式是在民主选举、民主
决策、民主管理和民主监督四个方面分别进行的，它不是"公民控制"
理念目标的回归，而是在经济全球化和政治稳定性的双重压力之下，对发
端于西方的公众参与理念及实践的吸纳与借鉴（贾西津，2008：5），是
应对伴随转型社会下日益凸显的社会矛盾与冲突而来的执政合法性危机而
引入的新的行政理念。在不触动现有权力制度的基础上，公众参与扩大了
政府决策合法性的统治基础。

　　作为民主政治的重要组成部分的合法性是对统治权力的认可（夸克，
2002，中译本序：1）。政府获得合法性的途径主要包括以下四种：其一，
长时间的存在；其二，良好的政绩；其三，民主选举产生的政府的组成结
构；其四，政府通过对国家象征符号的操纵来支持其合法性，如国旗、历
史纪念碑等，但当合法性的其他因素减弱时，操纵国家象征就可能适得其
反（罗斯金等，2006：6）。对我国政府而言，改革开放三十年来中国经
济发展取得的巨大成就无疑构成了执政党执政的合法性的强有力基础之
一，然而，经济高速发展背后所积累的社会分配不公、社会保障体系不健
全、环境污染问题严重、政府自身行为的市场化则又反过来威胁着执政党
的合法性根基。社会利益冲突日益严重、权力寻租、官商勾结现象深为社
会公众所不满，"公共权利"为部分掌权者所侵蚀、滥用，由此所导致的
政府公信力的下降、政府决策执行的困难、公众不满情绪滋生等在构成对
社会正常秩序的威胁的同时也就成为摆在执政党面前亟待解决的重要问
题。也正是在寻求合法性来源，拓展民主合法性，解决传统行政法"合
法性危机"的过程中，公众参与逐步进入高层视野，引发了自上而下、
对公众参与的强烈需求（王锡锌，2008）。然而，这些强烈需求遭遇的现
实实践情境却一方面是有限的政治体制内公众参与渠道设计，另一方面则
是权力的集中所导致的政府对民众参与有效反应的不足，由此导致公众感
知到的自身对公共政策的影响力较小，这种政治无力感成为公众参与面临

的最大挑战之一（王绍光，2008），同时也使得我国公众的参与路径、形式等存在诸多不确定因素。

可以说，我国的公众参与的兴起实际上融合着执政者以民为本的传统执政理念、西方现代民主思想以及人民民主观等不同内容（贾西津，2008：5），其实践形态也与西方存在很大差异，故而我们难以将西方的公众参与理论简单套入到中国的公众参与实践之中。其中最为显著的一个差别就在于，不同于西方以政府为主导的公众参与模式，政府在决策过程中主动向公众开放讨论与协商空间，使公众参与以常规化、制度化的方式获得实践；我国的公众参与，尤其是政府风险决策领域的公众参与，很大程度上缘起于公众对决策过程或结果的不满，在尝试理性表达诉求得不到有效回应后又继而采取集体行动表达抗议，造成强大外部舆论压力，迫使政府启动公众有序参与程序，并对公众意见予以重视和及时反馈。

考虑我国公众参与是在整体性公民社会尚未建立的条件下进行的，公众参与所展现出的对话、讨论与协商过程不仅仅是推动政府民主决策的重要因素，同时也成为培育公民意识与公民权利的实践技能的重要途径。在公众参与缺乏制度上的程序性保障的条件下，以大众传媒公共领域为平台的公共讨论不仅成为公众参与的重要渠道，也成为推动社会公民教育的重要方式。

（二）公众参与与媒体公共领域

公共领域之所以要存在且能存在的一个重要原因就在于他们能够创造和服务于公共利益。而对于利益主体日益多元、利益冲突日趋明显的我国转型社会而言，政府公共政策如何避免权力与利益的操纵真正服务于公共利益的问题也就成为化解社会冲突与风险的重要问题。而在此背景下，传媒公共领域作为监督公共权力行使的重要平台，其公共性问题也越来越受到学界的重视。

在哈贝马斯（1998：125）的公共领域概念中，"'公共领域'首先是意指我们的社会生活的一个领域，在这个领域中，像公共意见这样的事物能够形成"。但在其1992出版的《在事实与规范之间：关于法律和民主法治国的商谈理论》（童世骏译，2003）中修正了这种观点，将公共领域理解为一种"交往结构"，通过这个结构网络，私人世界的日常生活得以与政治系统联系起来，同时也使私人能够借助他们对对于日常生活的敏感而将公共领域建构为社会的预警系统，通过察觉和辨认出问题，并令人信服地、富有影响力地使问题成为讨论议题，提供解决问题的建议并制造声势，将问题压力放大，从而使得这些问题得以进入民主政体中心的议会等权力组织，并促使问题在政治公共领域中得到解决（哈贝马斯，2003：445—477）。展江、吴麟（2009）将哈贝马斯对于民主政体中的中心与边缘的区分对应地称为"强公共领域"和"弱公共领域"，强公共领域是高度结构化和形式化的，与之相应的是政治公共领域，尤其是立法机构；弱公共领域主要是一种非组织化的舆论形成载体，与之相应的是公民公共领域；强公共领域是意志形成与决策制定的场所；而弱公共领域则是意见、舆论的形成场所。

尽管哈贝马斯将大众传媒视为重要的弱公共领域，但他同时强调了将议题引入公共领域的"市民社会行动者"的主动角色，"尽管这些行动者组织复杂性程度较低、行动能力较弱，并且有一些结构上的不利条件，在一个加速发展的历史过程中的那些关键时刻，他们还是有机会来扭转公共领域和政治系统中的常规交往循环的方向，并由此而改变整个系统的解决问题方式的"（哈贝马斯，2003：470）。

在哈贝马斯的上述阐释中，大众传媒实际上被视为连接市民行动者与政治决策者的桥梁，不仅引导着公众对公共问题的讨论方向，同时也通过生成舆论向决策者施压，使他们将问题纳入政策议程。简言之，大众传媒对公众日常生活中所感受到的危机加以问题化，并在公共讨论中对问题进行理性审视，进而促成公众与政府之间以媒介为中介的参与，成为实现理性沟通与协商的利益表达与利益协商之公共平台。

虽然在公共领域概念及理论是否适用于中国社会及中国媒体的问题上，学界仍存有争议（汪晖，许燕，2006；曹卫东，2005；黄宗智，2006；魏斐德，2006），但这并不影响我们将传媒公共领域的建构作为传媒实践的一种目标，而大众传媒服务公共利益的专业主义追求也同样体现在其自身作为公共领域的建构过程中。而正如有研究者对我国传媒学界对于公共领域理论的研究的批评中所指出的，目前研究中所依循的研究路径主要存在三方面问题，其一是将哈贝马斯著作中涉及传媒的部分孤立地抽离出来作为研究对象，放大传媒在公共领域中的地位与作用；其二是将哈贝马斯的公共领域模式为标准简单套用到中国传媒实践中，进而简单否定或忽略中国传媒对中国式公共领域的关联意义；其三则是片面夸大技术对传媒公共领域的解放作用。研究者在对此进行批评的基础上提出应将传媒公共领域研究纳入国家－社会关系的视角之下予以考察，并关注社会发展过程中传媒与社会表达、社会空间扩展的互动与变迁等问题（夏倩芳，黄月琴，2008）。这也就意味着传媒公共领域在不同的时期不同条件之下其公共性的体现是不一样的，作为公共舆论得以形成的重要空间，传媒公共领域并非孤立于社会其他舆论生成机制而存在，新媒体固然为公众意见表达提供了新平台，但公共舆论却并不必然从中产生，对公众参与过程中公共舆论、公共领域、公共利益如何产生的问题的回答必须植根于对实践过程的考察。

在我国公众参与的制度化建设不健全的转型社会背景下，个人表达往往缺乏常规的制度性支持，而民间组织力量尚非常薄弱，特定社会群体的公共利益诉求要进入政府公共决策视野，甚至对既定的公共决策产生显著影响，不得不依赖于大众媒介公共领域功能的发挥。（参见孙玮，2008）而在我国"党管媒体"的现实体制下，大众媒介新闻作为制度性表达管道中的一环，其自身新闻生产的自主性本身受到国家政治权力的制约，尤其是在本文重点讨论的冲突性环境事件中，政府作为公共政策制定者，相较于公共政策所引发的环境风险的直接承担者——普通民众而言，无论是在权力资源还是媒介资源上都占据绝对优势，普通民众的抗争性话语能否引发媒体关注，得到媒体怎样的关注等直接影响着公共话语空间中特定风险决策议题的建构，影响着公众参与的方式及内容。此外，相较于空间有限、管制严密的传统媒体，凭借技术优势而获得相对传播自主的互联网为普通民众提供的公共话语空间对公众参与的表达与传播实践发挥着"赋权"和解放作用（郝晓鸣，李展，2001；邱林川，陈韬文，2009），对风险议题公共话语空间的建构产生重要影响。

考虑到现实传播实践的复杂性，笔者参照 Koopmans（2004）的理解，将公共领域视为一个多方话语博弈的政治传播空间，这个空间的界限并非一成不变，而是一个动态建构的过程。具体就冲突性环境事件中的公众参与而言，传播所处的特定政治环境、媒体新闻生产的常规判断、近用媒介者自身资源的多寡等等都有可能影响到特定公共领域中公共讨论、交流、协商的空间的缩放，这也将成为本研究事件分析中关注的问题。

（三）公众参与与资源动员

广义的资源动员论将社会运动视为另类政治参与的形式，社会运动与体制内的政治游说都是为了某种集体利益，也同样涉及组织的协调工作，但是社会运动是由弱势群体所发动，因为缺乏体制内资源，他们不得不将社会运动用作达成目标的手段（乔世东，2009）。而由于转型社会下我国公众参与尚缺乏有效管道，或即便有相关法律规定但却由于对公众参与程序必要性以及具体实施方式等的界定过于宽泛，使得我们经验观察到的很多公众参与并非基于政府主动开放体制内参与管道的结果，而是公众利益受损后基于维权需要而被迫采取的参与行动。本研究中所涉及的两个案例亦均为如此，我们姑且将这种参与方式称为"运动式参与"。展江、吴麟（2009）所强调的中国公众参与的"媒体驱动"特征其实同样显示出我国政府对公众参与必要性与重要性关注的不足，以至于媒体常常扮演了驱动公众参与的重要角色。

尽管笔者并不否认我国大众传媒在公众参与中的重要地位，但考虑到前文中所讨论的我国媒体新闻生产的特殊性，在冲突性环境事件中，公众的参与行动可能是营造媒体报道空间的重要力量，不能不予以关注。这就要求研究者必须摆脱既往以媒体为中心的研究视角，将研究视角转向公众的传播实践，而这种传播实践又不仅包含近用传统媒体、借助新媒体进行表达等狭义范畴的传播行为，集体签名、自主宣传、集体行动抗议等体制外的表达和寻求民间环保组织帮助、诉诸常规信访渠道、人大政协渠道、行政复议与行政诉讼渠道等制度框架内的有序政治参与渠道的表达都是公众为影响政府决策而采取的传播行动。而公众的行动动员、资源动员、对政治机会结构的判断等等也无不体现在他们对传播方式、传播路径、传播内容的选择与判断上。

因此，在对公众传播实践的微观过程进行叙述时，笔者将借助西方社会运动的资源动员理论，着重关注公众行动的动员过程和结果。由于公众参与就其本质而言是对现有体制内权力资源的重新分配，公众参与的传播与行动过程的目的其实也就意在通过传播行动争取利益表达并使这种表达得到政府的认可进而启动公正参与的合法程序使公众意见能有效参与到政府决策过程中。简言之，公众传播实践是公众竞逐体制内权力资源的微观过程。

孙玮（2007，2009）对转型期中国环境报道的功能分析时引入了西方"新社会运动"理论，指出我国的环保运动不同于西方以民间环保组织为主要推动力量，由于我国民间动员力量的薄弱和地方政府的压制，大众传媒是环保运动所依赖的最重要的动员资源，是建构集体认同感关键性力量。新社会运动理论是二次世界大战后西方资本主义国家普遍实行福利国家政策，人们物质需要得到全面满足继而开始追求别的稀缺资源的情况下兴起的一种社会运动理论。其主要体现在价值观上反对把经济增长当成社会进步的唯一指标，追求个人自治而非物质利益和政治权力；行动方式上偏好游行、请愿等体制外的直接民主的政治参与方式；支持者中主要以中产阶级为行动主体（冯仕政，2003）。反观我国的环境运动，经济高速增长带来的环境恶化和人们生活水平的提高使得人们对生活质量提出了更高要求，刺激了污染驱动模式和世界观模式两种类型的环保运动，前者常以草根抗议的形式出现，后者则常以非政府组织形式而非动员群众的形式出现（童燕齐，2003）。因此，我国的环保运动虽部分地体现出新社会运动的价值取向，反对将经济发展作为社会共识的"发展主义意识形态"（汪晖，2008），但就我们常观察到的冲突性环境事件而言，由于环境权益受到威胁而以业主维权行动为开端的污染驱动型环保运动是主要的运动模式。对政府决策所可能引发的环境危害的不满情绪是行动产生的直接原因，这种潜藏的不满要转化为行动状态和集体状态的社会运动，必须经过资源动员过程。

以垃圾焚烧所引发的社会冲突为例，垃圾焚烧将产生致癌物质二噁英的风险信息的摄入是引发公众反对的重要原因，这种对于风险的恐惧和对政府相关决策的不满要转化为公众采取集体行动方式进行抗议与抵制的社会运动，并最终影响政府决策，则依赖于风险共识与利益认同的建构。而公众的传播实践亦正是以建构风险共识与利益认同，使政府对公众的合法权益予以肯认为目的的，有形的金钱、场地、设施，无形的媒介资源、行动领袖、组织技巧、动员策略、合法性支持等都是公众资源动员的对象，也是公众争取传播权利和话语权的资源支持（参见莫里斯、缪勒，2002）。其中，媒体与社会运动本身就是资源动员理论的重要研究对象。西方学者的相关研究提示，尽管不能将环境运动的成败归因于大众媒体，但大众媒体确实已经成为几乎所有社会运动的重要成分，许多社会目标的达成都依赖于媒体的帮助，甚至有学者曾断言"所有的运动（或许是所有的政治）面临的一个决定性的因素便是对大众媒介的依赖"（吉特林，2007：6）。

社会运动出于动员、合法化和扩大范围的目的需要媒体，社会运动者作为与媒体进行互动的系统中的弱势方，常常必须采取冲突性事件策略来引起媒体对运动的关注（Gamson & Wolfsfeld，1993），冲突和戏剧化是媒体判断事件新闻价值的关键，而推动健康事业、教育、慈善等议题的运动则相对较难获得媒体报道（Oliver & Myers，1999）。而 Myers（2000）对美国 1964—1971 年间的种族暴乱的扩散的分析则发现，暴乱往往不是孤立事件，与大众传媒分布相关的网络联系为暴乱的扩散与转移提供了路径。而 Gamson 和 Modigliani（1989）对战后美国民众反核运动的研究则强调了新闻媒体的话语转变对于大众舆论变化的影响。Bimber 等（2005）则强调了新媒介对于集体行动的重要意义，他们主张，集体行动的发生很大程度上是因为个体感知的问题被公共化之后的结果，新媒介的出现大大降低了完成这一过程所需付出的成本，从而也降低了"搭便车"出现的可能性。

但不同于资本主义霸权影响下西方主流媒体对社会运动所持的相对保守的态度，对我国媒体而言，由于改革当中居于霸权性地位的价值观念的缺失，我国记者与西方同行相比对揭露社会黑暗问题往往有着更大的热情，也更愿意从体制与社会结构之中寻找社会矛盾的根源，使得他们更倾向于激进，从正面报道我国的社会运动，并积极介入其中（林芬、赵鼎新，2008），主动承担起社会动员者的角色（孙玮，2007，2008，2009）。

此外，互联网对公众参与赋权与解放意义一方面表现在它作为一个强开放性和强交互性传播平台给普通民众带来的传播自主性上，另一方面还表现在它的海量信息存储与强大检索功能给普通民众知情权实践和理性参与提供的信息资源、信息策略保障上。因此，以资源动员理论为叙事逻辑将有助于我们在公众参与的经验性材料基础上上来细致分析转型中国新社会运动中互联网对公众参与的赋权与解放意义具体表现为何，又是如何得以实现的。与此同时，借助互联网进行的传播赋权不仅仅是单向对普通民众的一种赋权，同时也是对于媒介本身的一种赋权，媒介作为新社会运动的组织与再现机构，在为普通民众提供传播与表达平台的同时也为自己开拓着公共话语空间，从这个意义上说，公众参与的传播实践在为自身有效参与进行资源动员（尤其是媒介资源动员）的过程中也在一定程度上改变着我国媒介的运作环境。正如海科特和凯诺尔（2011：54—62）对社会运动与公共传播之关系的分析中所提示的，社会运动者作为社会从属群体，通过创造自身的新闻价值、制定战略性的关键信息来获得媒体关注，提升他们使用媒介的技能，缓解媒介近用权分配上的不平等，而如果这些运动成功地改变了公共意识，霸权媒介就可能被迫做出反应——抛弃先前的固定观念，抑或给新声音更多的空间，借助这种社会从属群体的主动传播行为，社会公共传播的政策框架有可能发生改变。

　　尽管如前所言，我国转型社会中霸权性地位的价值观念的缺失使得媒体对国内社会运动的报道持更为积极的态度，甚至常常扮演动员者的角色，但在"和谐社会"的核心理念之下，社会运动所内含的冲突性因素对媒体而言仍然意味着一定的报道风险，对于受到国家制度控制的媒体而言，我国媒体新闻专业主义的实践空间本身具有"碎片化"特征（陆晔、潘忠党，2002），其对冲突性议题的报道具有不确定性。夏倩芳等（2012）从社会资本理论视角剖析社会冲突性议题传播的逻辑机制发现，正是我国威权主义政体下国家层面的制度性资本与社会层面的非制度性资本间的矛盾为传统媒体的新闻专业主义实践提供了"'缝隙'间的传播机会"。普通民众能否有效动员非制度性资本，争取传播的主动权，往往成为影响运动成败的一个关键因素，而非制度性资本的动员过程无疑也就成为我们理解冲突性环境事件中传媒角色及功能发挥的一个重要切入点。

　　可以说，资源动员理论中对于媒体与社会运动关系的探讨不仅提示了媒介资源对于公众实现有效参与而言的重要作用，同时也提示了差异化的媒介近用可能会直接影响到公众参与的传播与行动过程。在本研究中，研究者并无意讨论公众参与过程中公众行动的具体动员过程，但作为一种组织材料的有效框架，资源动员理论为笔者提供了叙述与组织故事的重要线索，使笔者能够将行动者的媒介资源动员与对其他资源的动员相互勾连，更为完整地呈现出公众参与的传播与行动之间的逻辑关联，并为我们探讨冲突性环境事件中传媒公共性的建构奠定事实基础。

　　基于以上讨论，本研究将冲突性环境事件中的公众参与理解为一个利益表达与协商的过程，同时也是公众争取他们的传播权利和话语权的过程。而对于公民社会尚处于发育过程中的我国转型社会而言，协商本身不仅是公众参与决策的重要环节，同时也是培育公众民主精神的重要渠道。"在这种情况下，民主化是各种层面的要求，而且这样做也要求公民在新的背景中创造新的试验性协商实践和形式"（博曼，2006，序：4）。为此，本研究力图通过对冲突性环境事件中公众参与的微观过程的考察来分析影响公众参与路径与方式的因素，关注传统媒体与新媒体在公众参与的传播实践过程中所扮演的角色和发挥的作用，并由此探讨公众参与与传媒公共性建构之关联。这里所界定的传播并不仅局限于大众传播，公众以利益表达为目的所采取的一切公开的传播活动均包括在本研究所使用的传播一词的概念范畴之内，传播与行动之间的关联则主要被理解为公众以行动争取其传播权利，并竞夺与政府、专家平等之话语权的博弈策略。

三　研究策略与方法

由于本研究是以冲突性环境事件中公众参与作为研究对象，重点考察的是公众的媒介近用状况对公众参与过程中所选择的传播路径、策略等与他们所采取的行动之间的逻辑关联，这种复杂化的逻辑关联难以从所处实践情境中脱离出来，因此，研究主要采取的是案例研究的研究方法。通过实地调研、深度访谈和文本分析等尽可能详尽地还原公众参与的微观过程。整个研究的经验性证据材料由实地调研收集的各种资料、深度访谈资料、媒体报道、公共论坛与业主自建的 QQ 群内的网络讨论等共同构成。笔者力图通过这种资料搜集上的"三角互证"来尽可能减少种类单一的实证资料所可能带来的研究中的主观倾向。这种资料搜集活动不是由研究设计到资料搜集再到意义阐释的简单线性过程，而是一个循环往复、相互推动的互动过程（马克斯威尔，2007）。

就案例研究而言，它是探索难于从所处情境中分离出来的现象时采用的主要研究方法，将公众视为传播主体的研究必须是植根于他们所处的具体传播情境来讨论的。为此，本研究将以北京六里屯垃圾焚烧厂案例和广州番禺垃圾焚烧厂案例的案例研究来探究冲突性环境事件中公众参与的传播与行动之关系问题。在对案例进行分析的过程中又具体借鉴孙立平（2000，2002）就农民与国家关系进行研究时提出的"过程－事件"的分析策略，该策略将社会事实看成动态的、流动的，认为事实常态是处于实践状态中的，要揭示实践的"隐秘"就必须从人们的具体社会行动中进行考察，对事件与过程进行叙事性再现与动态关联分析。对于社会结构尚处于转型期，社会运作制度化、规范化水平依然较低的中国社会而言，社会实践场域自身的灵活性为"过程－事件"分析策略提供了土壤，过程作为进入实践状态现象的切入点，是接近日常模糊性的真实实践的一种途径，叙述是展现这种过程的方法（参见卢晖临，2004）。而如前所言，公众参与的微观过程则借助"资源动员"理论为叙事逻辑线索来进行组织。

实地调研和深度访谈则是了解公众参与的微观过程及其对自身传播与

行动之关联的理解与解释的重要手段。笔者自 2009 年 6 月开始联络北京六里屯垃圾焚烧厂事件的核心参与者，并通过网络和电话访谈的方式对其中的 4 位进行了访谈，了解了事件的大体经过，同时搜集查阅了媒体对事件的主要报道，列出了关键性报道的媒体及相关从业者名单，为实地调研做了充分准备。2009 年 11 月 1 日—19 日，笔者赴北京六里屯进行了实地调研，对事件的 10 位核心参与者进行了深度访谈①；同时为了解他们近用媒介的真实状况，还对来自北京 5 家媒体的 10 位直接或间接参与过六里屯垃圾焚烧厂事件报道的媒体从业者进行了深度访谈。与北京六里屯垃圾焚烧厂案例不同，广州番禺垃圾焚烧厂事件的公众参与过程，通过网络论坛和媒体公开报道已经得到了较为细致的呈现，同时也受到研究时间安排上的限定，笔者未能赴广州进行实地调研。但笔者一方面较为全面地搜集了媒体对该事件的公开报道，并通过对事件核心网络论坛（江外江论坛）和 QQ 群（番禺垃圾焚烧）的参与式观察获取了大量相关资料；另一方面，为对公开资料进行核实，同时也补充事件的细节资料，笔者通过面访②、网络访谈等方式对 4 位事件核心参与者和来自广州 2 家媒体的 5 位媒体从业者进行了深度访谈③。在整个案例调研与访谈中，个别受访者曾多次接受访谈，根据录音或笔录整理出的访谈资料超过 30 万字。访谈采用无结构访谈方式，对居民的访谈主要围绕他们参与的微观过程中的传播活动与行动选择展开；对媒体从业者的访谈则主要围绕他们对事件报道的整个新闻生产过程展开。

此外，为更为深入地呈现公众差异化的媒介近用状况对他们传播与行动过程的影响，研究将辅以对媒体报道和网络论坛发帖的文本分析来进行相关讨论。同时，为避免受访者的身份被识别，遵守研究者对受访者的访谈承诺，文中论述将隐匿受访者身份。

本研究之所以选取北京六里屯与广州番禺垃圾焚烧厂事件作为本研究的主体分析案例，主要基于以下两个方面的考虑：

其一，公众参与作为一种现代新兴的民主形式，在西方民主国家的发

---

① 其中包括对前期访谈中已访谈过的 3 位业主的再度访谈。

② 2009 年 12 月 18 日，一位该事件的核心参与者碰巧到武汉出差，笔者得以对其进行了面访。

③ 其中包括华中师范大学陈科老师和南京大学袁光锋老师 2009 年 11 月底赴广州调研期间为本人提供的 3 位广州媒体记者的访谈资料，在此表示感谢。

展不过几十年的历史，而其相关概念和理论被引入我国并受到高度关注则是 20 世纪 90 年代的事（蔡定剑，2009a）。尽管面对转型社会与全球风险社会的双重风险，公众参与在我国政府决策过程中的重要意义已经得到学界的广泛认同，但对于公众参与的典型案例，尤其是成功案例的归纳与分析却显得十分不足，而对于原本缺乏制度化设计、尚处于摸索阶段的公众参与实践而言，这些经验及问题应当被充分分享，方能使其影响不局限于一时、一事、一地（王锡锌，2008：148—149）。这也是本研究之所选择了垃圾焚烧厂争议中公众参与相对成功的两个案例作为核心研究对象的重要原因。

其二，两个案例在事件的起因、经过、结果以及媒体对事件的介入程度上均存在较大差异，为笔者考察公众参与过程中传播与行动之间的逻辑关联提供了更为丰富的、可供比照分析的资料。具体来看，北京六里屯居民反建垃圾焚烧厂的个案是国内最早因为垃圾焚烧厂而引发的公众抗议，也是最早将垃圾焚烧风险引入公众视野的案例；随后全国多地发生的一系列居民反对垃圾焚烧厂的事件中，北京六里屯垃圾焚烧厂事件常被作为至关重要的背景资料提及，显示出了该案例在整个议题中的重要性。而广州番禺垃圾焚烧厂事件则因为媒体短时间内高密度、持续性的关注，使得垃圾焚烧风险问题迅速成为引发社会广泛关注的议题。

在这些频发的因垃圾焚烧厂而引发的冲突性事件中，发端于北京六里屯垃圾焚烧厂事件的风险争议渐趋成为了一个社会普遍关注的公共议题，也正是在这种持续的争议过程中，公众、政府、专家三方对于垃圾焚烧风险的认知在经历对抗、冲突后逐渐有了对话与协商的可能，借助包括媒体在内的多元化参与与表达管道，垃圾焚烧的风险真相逐步得到了相对完整的建构，公众与政府之间的风险共识开始得以呈现。2010 年 2 月至 4 月期间，北京、广州政府官员都先后邀请了当地反对垃圾焚烧的积极分子与官员、专家和媒体从业者同行考察日本或澳门的垃圾焚烧厂，两地垃圾分类的试点工作也在进行中。例如：2011 年 1 月，广州出台了《广州市城市生活垃圾分类管理暂行规定》当年 4 月 1 日起正式施行，成为我国第一个实行垃圾分类的城市；2011 年 11 月，北京市颁布了《北京市生活垃圾管理条例》，这是国内首部以立法形式规范垃圾处理行为的地方性法规。从中我们不难发现，两个城市中公众对于垃圾焚烧议题的积极参与与主动建构，不仅设置了媒体对特定议题的关注议程，更为重要的是表现出了公众参与对政府公共决策影响的一种累积效应，影响了政府相关公共决策议程。借助于对北京六里屯和广州番禺这两个垃圾焚烧争议中的关键性案例的分析，本研究期望能够相对完整地展现出公众参与对政府决策影响的微观过程。

四　基本结论与内容框架

本研究以北京六里屯和广州番禺居民反建垃圾焚烧厂事件为核心案例，首先在历史场景中展开对两个案例中公众参与的微观过程的详细叙述；随后在此基础上对公众参与过程中的媒介近用状况及其对公众参与活动的现实影响进行分析；同时关注公众、专家、政府在风险博弈过程中是如何借助媒介争夺自己的话语权的。

在对核心案例及其他相关案例进行对比分析的基础上，本研究得出如下研究结论：

（一）公众差异化的媒介近用状况对公众参与路径、方式的选择，以及参与目标设定均具有显著影响。

研究发现，在我国公众参与制度尚不健全的条件下，媒体作为公众利益表达与协商过程中至关重要的传播实践渠道，对公众参与活动具有显著影响。不同公众参与案例中，媒介近用权的差异化状况会影响公众对参与路径、方式的选择，以及参与目标的设定。在缺乏媒介支持的条件下，行动抗议常常成为参与者竞逐体制内权力的重要手段，不可避免地引发了直接社会冲突的产生，凸显出有效利益协商机制建设的必要性与重要性。此外，无论是传统媒体还是新媒体，它们作为公众利益表达与协商的公共平台并非天然平等、开放、自由的，传统媒体并不必然会积极介入社会运动，而新媒体对底层民众的传播赋权也不是凭借简单的技术上的开放性就能得以实现。要试图理解不同案例中公众媒介近用的差异以及这种差异对公众行动所造成的影响，就必须将它们置入一种拓展了的媒体－社会关系网络之中。

（二）公众参与推动传媒风险议题建构的同时亦影响着政府公共决策议程。

就本研究所关注的垃圾焚烧风险决策的公众参与而言，其过程实际上是以公众、专家和政府为主体的三方，就垃圾焚烧风险问题展开博弈的过程。在公众参与的积极推动下，大众传媒不断建构出渐趋完整的风险真相，揭示出被官方和部分专家有意或无意遮蔽的决策风险，使政府对决策的反思与调整成为可能。透过对垃圾焚烧风险话语的微观生产机制的分析可以发现，转型社会下，国家权力结构的影响、利益集团的操纵、媒体体制的限定以及公众内部传播资源分配的不平等等均对公共讨论与协商造成了深刻影响。在此过程中，公众参与推动着媒体对垃圾焚烧风险真相的呈现。而随着垃圾焚烧风险真相的逐步揭示，政府原定的垃圾焚烧政策的合理性与正当性遭遇挑战，应对挑战，政府必须朝着决策民主化、科学化的方向调整、修正并推进相关公共管理，"垃圾分类"、"垃圾减量"以及更严格的垃圾焚烧技术标准与监管机制等原本被忽视的问题开始受到关注，进入到政府决策的日程之中。

（三）我国传媒体制未发生根本性变革情况下，传媒公共性很大程度上是在媒体与公众相互"赋权"过程中得以建构的。

研究在对两个核心案例中公众参与的微观过程进行细致还原与分析的基础上发现，由于现实传播实践情境的复杂性，媒体对公众参与并不必然具有"传播赋权"作用，在缺乏其他传播力量支持的条件下，媒体对公众的"动员"与"组织"效用很容易为制度内的社会管理机构（如公安）消解。与此同时，媒体本身作为公众参与过程中资源动员的一个对象，其能否被有效调用实际上还受到其他不确定因素（如不同社群对媒介市场竞争影响力的大小，不同社群自身社会资源的多寡、与媒体从业者关系的疏密等等）的影响。因此，在理解我国传媒公共性实践的过程中，将新闻专业主义作为一种规范性和解释性理论，强调媒体从业者的策略性实践对传媒公共性建构的作用固然重要，但普通公众作为我国公民社会建设的核心力量，他们践行自己合法权利、参与并监督政府公权力的策略性传播和积极有效的行动同样不容忽视，他们的参与能够创造出先于体制的自由表达空间，建构出基于特定实践场景的传媒公共性，推动政府民主决策进程。正是从这个意义上说，我国传媒体制未发生根本性变革情况下，传媒公共性很大程度上是在媒体与公众相互"赋权"过程中得以建构的。

本研究的主体由四个部分组成。

第一个部分为案例叙述部分，对本研究中两个主体性案例分两章进行独立叙事，以便能够更为清晰地展现公众参与的整体性过程与行动脉络。对于初探性研究而言，一个精彩故事的完整呈现不仅可以给后来研究者提供反复咀嚼的素材，同时也是接近社会生活的实践层面的最好方法（黄

家亮，2008）。而真正的科学则是在承认分析的有限性的基础上，尽可能
地保留实践的面貌，哪怕是那些自己分析不仅不能穷尽，甚至面临挑战的
部分（李猛，1998：124）。正是基于这种考虑，笔者在前两章中力图尽
可能详细地叙述两个案例中公众参与的具体过程，以便于后续研究对事件
进行再分析与再解释。

在故事的具体组织方式上，首先按照事件的发展阶段进行阶段性划
分，将案例中相关项目的缓建或停建作为关键性的分界点。这是因为从案
例中公众参与的过程来看，项目的缓建或停建既是他们参与的阶段性成
果，同时也是后续的进一步协商成为可能的前提。而在项目缓建或停建之
前的阶段中，又根据两个案例的不同历史背景采取了差异化的叙述方式，
对北京六里屯居民而言，六里屯垃圾填埋场的臭气扰民与居民长期抗争的
无效构成了他们反对六里屯垃圾焚烧厂的重要背景；而对番禺居民而言则
不存在这种历史背景问题，媒体对项目的详细报道构成垃圾焚烧问题化的
开端。整个案例叙述围绕公众参与的资源动员过程和与政府进行协商的过
程展开。

第二部分就案例中公众参与方式、路径的差异及其原因进行探讨，关
注公众是如何争取自身的传播权利的。该部分具体围绕两个问题展开，一
个是媒体如何报道公众参与过程，民意是否获得了充分的表达。另一个则
是公众是如何利用媒介来扩大传播，争取传播权利；媒体介入程度的差异
是否对公众参与的路径选择、协商目标设定等造成了影响。

第三部分则重点对公众、专家与政府三方风险博弈的过程进行讨
论。这种博弈既是对于话语权的争夺，同时也是公共协商过程的体现。
讨论与协商的微观过程揭示出，传统媒体作为三方角力的竞技场并非一
个天然开放、平等、自由的公共领域；国家对媒体的直接或间接操控、
市场力量所表现出的解放作用、转型社会下国家权力对社会的微观渗透
以及公众参与的传播策略等无不影响着传媒公共领域中意见的公开表达
与协商。而对媒体而言，揭示这些话语背后因为权力的干预、利益的操
纵等而被遮蔽的垃圾焚烧风险的真相的过程，也恰恰就是建构其自身公
共性的过程。

第四部分对整个研究进行总结讨论和研究问题检讨。在对案例进行上
述分析的基础上，笔者在最后的结论与讨论部分将重点落在了我国转型期
公众参与与传媒公共性之建构上，一方面关注在我国整体性公民社会尚不

健全、政治民主制度尚未建构的条件下，媒体对公众参与的"传播赋权"作用；另一方面也关注传媒自身公共性建构过程中，公众参与对传媒的"反向赋权"与解放意义。同时，结论与讨论部分也对本研究的缺陷进行检讨。

第一章

个案叙事：北京六里屯居民反建的传播实践

第一节 事件缘起：历史遗留问题与累积性不信任

一 未能兑现的政府承诺与居民不信任感的产生

六里屯填埋场位于北京北五环与北六环之间的海淀区永丰乡，南距海淀镇 12 公里，西距京密引水渠 3 公里，占地面积达 46.53 公顷，是北京市大型现代化垃圾填埋场，也是海淀区唯一的无害化垃圾填埋设施①。该填埋场于 1999 年 10 月 1 日正式投入运行，设计日处理量为 1500 吨生活垃圾，使用期限为 18 年；但实际日均填埋量达到 3000 吨左右，是原计划处理量的 2 倍。设计处理能力与实际处理量之间的巨大差距导致部分垃圾由于无法及时处理而散发出阵阵恶臭，直接影响了周边地域的空气质量，引发了附近居民们的不满。即便不考虑污染问题，由于填埋场长期超负荷运转，填埋场不得不提前至 2014 年左右封场，届时海淀区将面临垃圾无处消纳的难题。② 为解决此问题，海淀区政府拟投资超过 8 亿元，新建包含 2 台日销 600 吨垃圾的焚烧设备的封闭式垃圾焚烧发电厂，项目计划 2007 年 3 月动工，2008 年底启用，远期垃圾处理目标将达到日销 1800 吨以上③，是北京市"十一五"重点建设项目。

在官方语境中，垃圾焚烧厂的建设既可以解决海淀区垃圾无处消纳的

① 郭少峰：《北京海淀区六里屯垃圾填埋场恶臭熏人遭批评》，2006 年 12 月 15 日，《新京报》（http://news.sohu.com/20061215/n247056064.shtml）。

② 易靖：《六里屯垃圾填埋场 5 年后封场》，2009 年 7 月 20 日，《京华时报》（http://epaper.jinghua.cn/html/2009-07/20/content_443495.htm）。

③ 杜新达：《政府投资 8 亿筹建密闭垃圾焚烧厂》，2006 年 12 月 15 日，《北京晚报》（http://news.sohu.com/20061215/n247069947.shtml）。

问题，又能够解决六里屯垃圾填埋场臭气扰民的问题，似乎并无不妥。而该焚烧厂项目其实早在 2005 年就已经通过环评，且已完成了公众参与调查环节，调查者回收的 85 份调查表中 71% 的被调查者对垃圾焚烧项目表示同意[①]。但事后项目引发争议时，当初被问及对该项目意见的一些居民却表示，当时只听说垃圾焚烧后填埋场臭气问题就能够得到解决，但并不知道焚烧可能产生致癌物质二噁英，所以对项目表示了支持态度。这些问题被揭示出来则得益于距离填埋场 2 公里左右距离的新落成的中海枫涟山庄和百旺茉莉园小区业主的入住。

2006 年 8 月，新建成的中海枫涟山庄小区的业主论坛的版主在论坛上置顶了一则专门用于记录垃圾填埋场臭气的帖子[②]，号召业主跟帖记录臭味来袭的具体情况，包括臭味发作和持续的时间，当天的天气情况等。该帖很快引起了不少业主的关注，从跟帖的情况来看，每到天气转热的时节，填埋场臭气便常常"如约而至"，让人难以忍受。"我自（2006 年）8 月 14 日入住至今，几乎每天晚上 9 点半之后就会有阵阵臭味袭来，到早晨 6 点多不止。8 月 18 日那晚 9 点多回家，还没下车，浓郁浓厚的臭味让我呕吐，然后被逼开车返回 30 多公里外的已经搬空的老家。有家难回有家难住，就是现在的境况。看着这个环境优美的地方，我常想，她白天的时候是天使，是天堂，而晚上，她就成了魔鬼，成了地狱。"这段引述生动描述了臭气来袭时对居民生活造成的影响，填埋场臭气甚至可以说成了业主们挥之不去的"噩梦"。尤其是到了夏天，很多业主几乎不敢开窗，不少人都有半夜被臭气"熏醒"的经历。不难想象，距离六里屯垃圾填埋场直线距离已经将近 2 公里的中海枫涟山庄的业主们对填埋场臭气都已是怨声载道了，更不用说颐和山庄和西六建职工小区这两个距离填埋场最近仅 500 米和仅 300 米的小区居民们对填埋场臭气的感受了。

被置顶的用于记录垃圾填埋场臭气的帖子吸引了小区居民对填埋场问题的关注，2005 年底，有居民发现了六里屯将要建垃圾焚烧厂的消息，并公布在了论坛上。起初，有些业主也以为焚烧厂能够有效解决填埋场臭

---

① 北京市环境保护科学研究院，《海淀区垃圾焚烧发电厂和综合处理厂项目环境影响报告书（简本）》，第 11—12 页。2009 年 11 月笔者北京调研时，六里屯居民提供给笔者的资料。

② Bfc99：《用于记录垃圾场臭味的专帖》，2006 年 8 月 29 日，焦点网中海枫涟山庄论坛（http://bjmsg.focus.cn/msgview/1396/1/61616413.html），截至 2014 年 11 月，该帖点击量近 6 万次，回复数 550 个。

气问题，不失为一件好事，但很快就有业主在网上贴出了大量有关垃圾焚烧会产生致癌物质二噁英的资料。大家这才如梦初醒般认识到，二噁英虽然不臭，但却会致癌，是比填埋场臭气污染更可怕的污染物。不仅如此，垃圾焚烧厂一旦投入使用，填埋场的寿命也将被延长，那么居民们原本盼望的垃圾填埋场封场之后建成大公园的愿景就变得遥遥无期了；而且垃圾焚烧厂本身还将成为六里屯的一个大"毒瘤"①，威胁着周边居民的健康安全。

笔者 2009 年 11 月 7 日到北京六里屯实地调研时，正赶上北京刚下过 2009 年的初雪，气温很低，因此在六里屯垃圾填埋场并未切身感受到如帖子中居民们所描述或记录的那种填埋场恶臭，但走到距离填埋场大约 100 米左右的位置，还是能够隐约地闻到一股刺激性的化学气味。而走近填埋场，首先听的是被惊起的一片乌鸦叫声，上百只乌鸦顿时从杂草丛、树枝头飞起，黑压压地一片掠过阴沉的天空。

"人家都说环境好才鸟多，你看看这倒好，全是乌鸦。"看着垃圾场周边时不时成片飞过的乌鸦，同行的王有才②感慨了一声，在他看来，乌鸦便是垃圾填埋场造成环境污染的例证。同行的另一位居民张平从小在海淀区长大，他看着填埋场附近已经枯黄的大半个人高的芦苇荡说，六里屯位于北京上风口，是传说中皇家龙脉所在，周边农田原是水稻田，著名的京西水稻就曾在那生长。再远一些，大概 1 公里左右，是京密引水渠，那

是北京人重要的饮用水源。在填埋场的东侧有一条团结渠，其上游与京密引水渠连通，笔者实地调研时看到的水渠污染严重，已经变成一条污水排放的通道（见图左），水渠侧岸上的一块告示牌上却仍赫然写着"河道及两岸沿线禁止倾倒废弃物"（见下图左）。

---

　①　乾翁：《建议大家都去看展览，为铲除"六里屯垃圾场"这个毒瘤共同努力》，2006 年 12 月 1 日，搜狐焦点网中海枫涟山庄业主论坛（http://house.focus.cn/msgview/1396/70114458. html）。

　②　本书中所涉及的六里屯居民姓名均为化名。

　　在填埋场围墙外侧，飘散的各种垃圾也是随处可见（见下图右），而距离填埋场位置越近，臭气也就越发明显。

　　我们在填埋场围墙外站了大概不到 10 分钟，张平便说他现在对这气味敏感，闻一会就胸闷。而对居住在距离填埋场只有 500 米远的颐和山庄的王有才而言，难以忍受的还不仅仅是臭气，还有填埋场内垃圾车和鼓风机等发出的机械噪音，"这噪音可大，我们那都听得清清楚楚，吵得人没法休息，成天嗡嗡嗡嗡响，（我）受不了那个"。

　　当我们从填埋场返回颐和山庄时开始访谈时，房主李慧兰没有烧自来水给我们泡茶，而是把一桶刚从超市买回来的农夫山泉倒进了烧水壶里，她说她基本上每隔些日子就要开车去"城里"采购些水回来放着，因为担心填埋场污染了地下水，他们一般不敢直接饮用小区的自来水。落座后，王有才坐在一边一言不发，李慧兰赶紧问他吃药了没，笔者才知道原来他有高血压。这一句话引发了中海枫涟山庄孙思平的感慨，"所以你说我们为什么要维权，你看他本来血压就高，还不光要受臭气骚扰，还有就是这边水还是地下水，中海和茉莉园还不是。他受害最深，一直积极推动这事，这个可以理解。他这种情况经常会反馈给我们，我们就觉得这事必须解决，不豁出去都不行了。他们十几年都这样生活。你看电视台采访西六建的人，说最后闻闻哪不臭，最不臭的是厕所。"显然，对于共同维权的这帮居民而言，相互诉苦后所感知的问题已经成为激励他们持续维权的一种潜在动力，而这种相互诉苦中潜藏的一个共识实际上是对政府的累积性不信任。

　　事实上，这个遭到居民强烈反对的六里屯垃圾填埋场在当初建设的时候，政府就存在违规操作的问题。1994 年北京市海淀区政府向北京市政府上报的《关于将六里屯砖瓦厂取土坑开辟为垃圾填埋场的紧急请示》中谎称："该坑西、北两面为稻田，东面为污水渠，南侧为砖瓦厂生产区，方圆两公里内没有村庄，是较为理想的垃圾消纳场。"然而1995年北京市环境保护局《关于"北京市海淀区六里屯垃圾消纳场环境影响评价报告书"的批复》中则明确回应，"取土坑底部已与地下浅层水连通，坑周围敏感点较多，2公里范围内约有人口1.1万，1公里范围内有部队驻地，西六砖瓦厂、六里屯村、亮甲店村、屯佃村均饮用地下水，部分饮用浅层地下水。此外，取土坑周围3公里范围内尚规划、建设了一批重要设施和项目……从环境保护的角度考虑，在此地建设垃圾填埋场是不适宜的，不采取妥善防治污染措施直接填埋垃圾更是不能允许的。"《批复》最终还是原则上同意在六里屯建设垃圾填埋场，但要求其界外500米范围内不宜新建永久居住设施、现有设施应予搬迁。然而，现实情况却是，不仅原周边居民十多年来从未收到任何搬迁指示，2000年后，周边又被政府批准被住宅用地，开发了包括中海枫涟山庄、百旺茉莉园等诸多小区在内的住宅楼盘，已至方圆5公里范围内居住了数十万人口。①

西六建职工的住宅楼是距离填埋场选址最近的居民区之一，当年西六建居民也不同意在自己住所附近建垃圾填埋场，政府为说服居民，请了工程方的专家与居民座谈，专家表示，填埋场技术先进，100米之外闻不到臭味，不会对居民生活造成影响。厂方领导也只能无奈同意政府决定。但没想到的是，由于填埋场现在日处理量远远超过设计处理量，加上又未能按照技术规范严格操作，以至于现在的臭气污染范围已经远远超过当时他们承诺的100米距离。②

一位长期负责海淀区政府条线的媒体从业者也对笔者表示，当年建六里屯垃圾填埋场前，领导也是到国外考察过的，确实没有什么臭气，但他们可能没有考虑到国内垃圾的构成与国外垃圾构成的差异。虽然从技术上来说填埋场并没有什么问题，但因为现在超负荷运转，出现这个问题也就可以理解了③。

尽管对旁观者而言，六里屯垃圾填埋场所造成的污染是可以理解的，但

---

① 资料详见舒旻《"散步"始末：厦门PX和北京六里屯事件的分析》，2009年3月23日，网易新闻（http：//discovery.163.com/09/0323/15/553P1GQI000125LI.html）；《北京六里屯垃圾场：12年前瞒报事实 污染工程糊涂上马》，2007年4月17日，中央电视台全球资讯榜（http：//www.cctv.com/program/qqzxb/20070417/103903.shtml）。

② 笔者2009年11月7日对北京六里屯居民访谈的资料。

③ 笔者2009年11月9日对北京媒体记者访谈的资料。

对身处污染之中的居民而言显然不是一个容易接受的事实。"当初建填埋场的时候就承诺说100米以外没有臭味，现在都臭几里地以外了"①，"技术水平更低的垃圾填埋场都弄成这样了，更复杂的垃圾焚烧厂还能控制好?"②，"如果焚烧厂要是建了，那填埋场肯定要延长使用期，这个是毫无疑问的"③。笔者访谈到的11位六里屯居民中没有一人对焚烧厂的建设持支持态度，而这种强烈反对情绪与政府既往决策造成的遗留问题紧密相关。政府当初建垃圾填埋场时就曾许诺项目不会对周边环境和居民生活造成影响，然而如今却事与愿违，现在，政府试图再度以建垃圾焚烧厂可以解决填埋场臭气问题的说辞来说服居民们接受垃圾焚烧厂，居民很难再对政府表现出信任态度。从这个过程来看，居民最为担忧的不是垃圾焚烧技术本身，而是居民们基于日常生活经验对政府已经形成了一种累积性的不信任，根本不相信在政府现有的监管体制下，相关项目能够严格按照规范和标准运转。

二　居民的无效反抗及其对政府不信任感的强化

六里屯垃圾填埋场建在西六建原砖瓦厂废弃的取土坑上，据王有才介绍，政府当时曾拨款给西六建用于周边居民的拆迁，但该厂将资金挪作他用，从国外购入了一条砖瓦生产线。结果该生产线生产出来的产品的质量和销路都不好，以至于投入的资金打了水漂。"领导们得好处了，老百姓的钱打水漂了，老百姓全遭了殃了，没人管了。你找政府，政府说了，钱给他们了，找他们去"④。

由此一来，西六建居民因为距离垃圾填埋场直线距离最近，所受到的臭气、噪音等污染之苦也就最深，因此在反对六里屯垃圾填埋场问题上，他们的反抗也是最激烈的。正如受访者孙思平描述的，"西六建是受害最深的，引狼入室的，因为那坑是他们干的，但不是老百姓干的，是当官的引进来的，也可能是上面说没地方了，就你们这了。所以，像西六建这样的地方，反抗是很激烈的，但是，经常是无效的。因为它是在单位领导下的，因为我们是在单位工作过的，人家摆平你，摆平你一个领导班子就完事了，甚至摆平你们党委书记、一把手就完了，然后领导就得去做工作。

---

① 笔者2009年11月7日对北京六里屯居民访谈的资料。

② 笔者2009年11月4日对北京六里屯居民访谈的资料。

③ 笔者2009年11月7日对北京六里屯居民访谈的资料。

④ 笔者2009年11月7日对北京六里屯居民访谈的资料。

所以西六建的特色是，经常会通过班组这种行为（来控制居民行动），因为很多人工资在那发的，福利在那领的，比如说，'你这样要下岗啊'，那就把人要挟住了……所以他们实际上很底层，受害很深，但反抗呢只能够是随大流，当然也有几个挑头的，但很容易被镇压下去。"[1]

　　为早日从六里屯填埋场污染之苦中解脱出来，西六建居民们尝试过找政府官员投诉，但官员以拆迁补偿款已经拨付给西六建为由让居民们去找单位领导；居民们也多次找到西六建现任领导诉苦，领导却以自己当时不在任不清楚情况为由推脱责任；在常规表达渠道难以奏效的情况下，居民们也曾想过通过集体请愿、示威的方式来维权，但一方面参与人数有限，另一方面，这些行动常常是还未成形就迫于单位压力而取消了。因此可以说，在构成反对六里屯垃圾填埋场及焚烧厂项目的"主力兵团"中，西六建居民属于"受害最深"、"反抗最频繁"，但反抗又经常"无效"的一类，中国传统的单位制对个体的强约束力以及他们作为底层民众可调用外部资源的有限性很大程度上阻碍了他们的有效参与。

　　而受六里屯垃圾填埋场困扰较深的另一个群体——颐和山庄小区，也就是王有才和李慧兰居住的小区，据受访者介绍，小区是 20 世纪 90 年代陈希同任北京市委书记时为改善当时亮甲店村农民的生活环境而建的"回迁房"，即小产权房。这个小区在 90 年代末的时候属于比较高档的住宅小区，北京当时文艺界的一些知名人士曾在该小区住过。小区居民 90 年代时曾为越权收费等问题向法院提起过 21 个起诉，虽然只赢了一个，但显示出居民维权的意识早已有之。后来，由于北京市房地产开发建设的加快，颐和山庄所处位置交通、商业、环境都缺乏竞争优势，很多名人陆续离开了该小区。到 1999 年六里屯垃圾填埋场建成并投入运行，小区居民认识到臭气扰民的问题并主张维权时，早年曾经参与小区维权的一批精英人士已经离开了该小区，而新入住的居民彼此之间互不往来，十分分散，大家又缺乏有效的组织和动员手段，维权最终不了了之。

　　受访者李慧兰在 20 世纪 90 年代时花 2000 多一平方米的价格在颐和山庄买下了一栋面积 200 多平方米的小别墅，笔者 2009 年 11 月 7 日下午的居民访谈就是在她家一楼的饭厅进行的。她当时已经不常在颐和山庄居住，小区物业管理的混乱和填埋场臭气污染是她不得不常常回城里住的主

---

① 笔者 2009 年 11 月 7 日对北京六里屯居民访谈的资料。

要原因。在说到该小区居民的维权经历时候，她的情绪显得颇有些激动："（政府）说老百姓都是刁民，拿我们（颐和山庄居民）说就是'黑户口'，你们是元凶，还是什么（王有才插话补充说'原罪'）对，'原罪'，你们都有'原罪'，还来反什么呀？就这样，海淀区政府周良洛（原海淀区区长）就是这态度，你说他是真的为老百姓服务吗？……这是政府造成的，当时这是陈希同抓的点，农民要上楼，要改变他们的生活，怎么办？给政策，这块地你们农民上楼，上楼没有钱呀，他就把一部分地开发成这样了，然后国家也给他批了。我们这是国家有规划指标的，规划完了以后，农民拿了钱盖楼了，这时候该给我们办了吧，开发商就跟政府勾搭在一起了，让他去补这些手续不补，他把这些钱都行贿给领导了。"①尽管受访者对其所购房屋的产权问题的说法笔者无从考证，但其表述中所流露出的对政府的不信任情绪却是显而易见的。按颐和山庄受访者的理解，因为小区居民房屋所有权在官方那得不到认可，私有财产缺乏有效保障，被政府抓住了"把柄"，集体维权同样成了"不可能完成的任务"。

无效的反抗令不少居民只能抱着"六里屯填埋使用年限到了之后会封场变绿地"的美好想象煎熬着，但没想到，填埋场臭气问题尚未解决，政府又搬出了垃圾焚烧厂，并声称建垃圾焚烧厂是为了解决填埋场臭气扰民的问题。从"填埋场臭气不超过 100 米"的政府承诺到迟迟未能解决的房屋产权问题，这些周边居民日常生活中亲身经验的政府"失信"行为，令他们对政府建垃圾焚烧厂是为解决填埋场臭气问题的说辞难以信服，难以接受又一个潜在可能的污染项目的上马。

第二节　旧患新伤：垃圾焚烧风险的呈现及其问题化

一　怨气集结

六里屯居民们虽然意识到垃圾填埋场的臭气是个问题，但由于前述的种种原因，问题一直得不到解决，很多人只是停留在言论的谴责上，并没

---

① 受访者所谓的"黑户口"和"原罪"指的是颐和山庄是小产权房，是建筑在集体土地上的"商品房"，没有得到国家房地产主管部门的批准，无法办理合法的产权手续，因此，其产权得不到国家法律的认可和保护。笔者 2009 年 11 月 7 日对北京六里屯居民访谈的资料。

有采取积极的行动，以至于问题到最后变得不是问题了，也就是说，问题没有被问题化。问题化所要求的是大家对所感知到的问题形成共识，大家对问题的严重性和解决的必要性达成一致意见，并愿意通过集体行动的方式来解决问题。反对垃圾焚烧厂的集体行动也是如此，行动的产生首先依赖于风险共识的达成与风险的问题化。

在西六建、颐和山庄居民们饱受填埋场污染之苦却屡屡反抗无效，渐渐有些偃旗息鼓的时候，2000 年后，填埋场周边 2 公里范围内陆续开发建设了一大批商业住宅小区，中海枫涟、百旺茉莉园等此后在反建行动中发挥重要力量的小区就在其中。2006 年 8 月中海枫涟山庄业主论坛上用于记录垃圾场臭气的帖子引起了很多业主的关注，大家在抱怨垃圾场臭气扰民的同时也呼吁业主通过电话投诉、邮件投诉、政府网站留言等方式反映此问题。但就在大家还在为填埋场而苦恼的时候，2006 年 11 月底，有居民从海淀北部新区规划展上带回了六里屯垃圾焚烧厂规划的消息。这一消息公布后，大家开始议论纷纷，"二噁英"成了论坛上大家交流讨论的热点。但由于当时已经入住的业主原本不多，加上一些业主还并不知道有这样一个业主论坛，或虽然知道但并未关注，因此网上讨论得热烈的只有十余二十位业主。尽管讨论在小区范围内几乎没有产生什么影响，但一些不堪臭气之扰的业主频频向政府各相关机构及媒体电话投诉填埋场臭气扰民问题，还是起到了一定效果。

2006 年 12 月 15 日，在有关北京市海淀区政协会议的报道中，北京晚报、京华时报和新京报不约而同地报道了北京海淀区政府将投资 8 亿筹建六里屯垃圾焚烧厂的新闻，并表示政府计划 2007 年 3 月开工。其中新京报的报道援引民革海淀区工委政协委员的说法，对垃圾焚烧厂可能造成新的环境污染表示了担忧。消息一经传出立即引起了小区业主论坛上的讨论高潮。

2006 年，12 月 20 日，小区业主论坛版主 BFC99 在论坛上发出通知，表示将与附近百旺茉莉园小区共同发起一次合法的集体行动，表达对垃圾焚烧厂建设的反对声音。随后召开了第一次业主碰头会，当时参加的业主不到 20 人，大家见面互不相识，说出网名才知道是谁。12 月 24 日，有业主连夜赶写了《"共筑和谐社区 共建美好家园 强烈反对六里屯建设垃圾焚烧厂"第一阶段活动方案（草案）》，紧接着，12 月 27 日，《百旺新城社区居民关于反对在六里屯建垃圾焚烧厂的申述信》在论坛上多位业主的共同参与下修改完成，申诉信从六里屯垃圾填埋场引发的现实环境污染问题、六里屯垃圾焚烧厂项目的周边环境、可能带来的环境问题以及世界各国有关垃圾焚烧项目的选址规范等角度，系统阐述了他们反对该项目建设的原因，并在附件中列举了一系列国内外因垃圾焚烧项目而导致的环境污染案例，以强化申诉信的说服力；与申诉信的撰写与修改工作同步进行的还包括通过论坛召集赴政府各相关机构投递申诉信的志愿者的工作。在小区志愿者们的共同努力下，短短几天时间里，申诉信就被先后送达到海淀区政府、北京市政管理委员会、国家环保局和北京市环保局等一批相关政府部门。此外，在部分业主的建议下，他们还将不包含附件内容的简化版的申诉信以电子邮件的方式发送给各相关管理部门，扩大他们诉求的传播范围。

在对外扩大表达的同时，针对小区和周边居民的宣传活动也紧锣密鼓地展开了。他们组织的第一个活动就是 2007 年元旦期间的小区宣传活动。活动小组在中海枫涟山庄和百旺茉莉园小区的门口摆放了展板，并制作了宣传单，向过往行人介绍六里屯垃圾焚烧厂以及垃圾焚烧的危害等，同时向大家征集签名并募捐。一些业主听说附近要建垃圾焚烧厂，而且垃圾焚烧会产生致癌物质后纷纷表示反对，并留下电话和邮箱，让组织者有什么需要通知他们。

尽管这次活动没有引起媒体的关注，但却引起了附近其他小区的关注，颐和山庄有业主拿到传单后复印了数千份在小区内外张贴，而颐和山庄与西六建距离较近，在此前反对垃圾填埋场的时候就已有联系，由此一来，颐和山庄、西六建、中海枫涟和百旺茉莉园这四个反对垃圾焚烧厂的核心小区的居民之间便建立起了联系。

对中海枫涟山庄 130 位业主的一份问卷调查显示，仅有 7% 的业主是通过新闻媒体知晓此事的，26% 是通过网络论坛，而 61% 的业主是通过他人告知或宣传单知晓此事的。① 这一数据辅证了小区业主自发的宣传在六里屯居民达成风险共识的过程中的重要性。

随后，2007 年 1 月 24 日、1 月 28 日、1 月 31 日、2 月 1 日新京报对

---

① 数据来源于资料来源于受访业主提供的中央民族大学学生的寒假调研报告：王伟利、王梅、刘玉萍、董坤：《网络传播在公众舆论形成中的作用与问题——六里屯垃圾焚烧发电项目调查报告》，中央民族大学研究生院寒假调研项目，2008 年 5 月。

北京市两会的报道过程中又持续地关注了六里屯垃圾焚烧厂项目，报道采用的是以政府为主体的消息来源，而官方在回应居民有关垃圾焚烧环境安全问题的质疑时始终强调垃圾焚烧技术是安全的，所采用的欧盟标准是无争议的、无害的、最安全的标准等等，甚至有发改委官员明确表示"项目已经通过国家环评，对周围环境没有任何污染，开春就要开工"①。官方话语中对垃圾焚烧风险的彻底否定使得居民的反对似乎成了非理性的、偏狭、自利的行为。

对于填埋场项目周边新建小区的业主们而言，他们中的大多数都是花光了自己的积蓄才好不容易才在当地买套房子，有的是为了孩子就读附近的重点小学方便，有的是因为工作单位在附近为上班方便，还有不少人则是冲着海淀区"上风上水上海淀"的宣传口号，考虑到小区临近香山、颐和园，环境不错，才在那置业的。但谁也没想到刚入住，甚至是尚未入住还只是刚收房就先感受到了垃圾填埋场的臭气困扰，后又被告知了距离小区2公里左右距离将要建一个可能造成新污染的垃圾焚烧厂的消息。

而对于西六建和颐和山庄的业主们而言，他们中有的曾在该项目环评阶段被问及过对于六里屯垃圾焚烧项目的意见，但当时被告知垃圾烧了之后就没臭味了，有的人信以为真，还曾觉得是件好事，但在看了中海枫涟和百旺茉莉园业主发出的宣传单之后，他们才意识到，原来垃圾焚烧可能产生致癌物质——"二噁英"。此前的六里屯填埋场的臭气污染、水污染和噪音污染都尚未得到有效治理，如今却又要着手兴建一个可能造成新的污染的垃圾焚烧项目，从情感上来说自然是难以接受的事实。

在元旦之后的几个周末，中海枫涟和百旺茉莉园的业主又持续进行了几周的宣传和募款工作，通过这种小区业主的自发宣传，垃圾焚烧风险在几个小区业主内部逐渐形成了共识，并开始采取行动维权，这些行动也促使政府多次以座谈会的方式对居民质疑做出回应，但开始几次的座谈会，政府始终表现出强烈的说服倾向，并非以沟通的态度与居民进行协商，这进一步强化了居民对政府的不信任感。

二　不信任感的强化

2007年1月17日，六里屯居民开始反建后不久，海淀区政府在马连

①　郭晓军：《六里屯垃圾焚烧电厂环评过关 北京市发改委负责人称，请市民相信政府会充分考虑各种技术保护措施和安全问题》，《新京报》，2007年1月28日A07版。

洼街道办事处组织了一场座谈会。到场的除了政府官员与闻讯赶去的二三十位居民代表外，还有垃圾焚烧方面的专家、六里屯垃圾填埋场的场长和六里屯垃圾焚烧厂承建方的负责人。这场座谈也是政府部门对居民此前发出的申诉信的一种主动回应。

政府官员开场便承认垃圾填埋场确实存在问题，并表示政府也在想办法解决，紧接着便将话题转向了垃圾焚烧厂项目，请出了专家对垃圾焚烧技术进行说明，但专家只片面强调垃圾焚烧安全可靠、在全球都是主流，使居民感到政府并无意与他们沟通，只是想"借专家权威来压我们"①。结果，座谈会非但未能说服六里屯居民接受风险反而坚定了他们反对垃圾焚烧厂的决心。

考虑到当时还有很多小区业主仍不知道六里屯垃圾焚烧厂项目，中海枫涟和百旺茉莉园的业主们决定还是要再度通过小区宣传活动来对居民内部资源进行再度动员，扩大周边居民对此事的认知范围。2007 年 2 月 11 日（农历十二月二十四日），论坛上出现了召集志愿者，准备在 2 月 22—24 日（正月初五至初七）在周边小区进行宣传活动，同时为将来的维权诉讼募集更多的资金的帖子。结果，2 月 22 日当天，没等活动宣传人员走出小区，海淀公安分局、马连洼街道办事处、城管以及当地派出所就来到了小区，劝阻居民的宣传活动。城管明确表示，一旦居民走出小区宣传，就以扰乱市容进行干预，没收材料、强制中止活动都在他们的职权范围之内。部分居民代表与政府人员在物业会议室沟通后被迫取消了原定的宣传活动；街道办事处答应将情况向有关部门反映，尽快召开有关部门与居民的见面会。3 月 2 日，在马连洼街道办事处，召开了第二次有关六里屯垃圾焚烧发电厂的小范围与业主代表的座谈会，会上政府方面还是表示了要建焚烧厂的决心，但亦表示感觉到了居民们给的压力。

当天座谈会的录音被参会的居民代表上传到了网络上供业主下载。一些居民认为，面对政府的强硬表态，居民必须采取有效行动进行表达。随后便有西六建居民自行对其所在职工小区中肿瘤患者的情况进行了调查，结果发现 1000 余居民的小区中，在 2000—2007 年就有 70 余人被确诊为肿瘤，其中 46 人已死亡，其死亡率和发病率均高于全国平均数值数倍，

---

① 笔者 2009 年 11 月 17 日对北京六里屯居民访谈的资料。

而六里屯垃圾填埋场则是 1998 年建成并投入使用的。① 这一消息传出后令业主感到"毛骨悚然，忧心忡忡"②。不仅如此，居民在对垃圾场周边业主的调查中还得知，与六里屯垃圾填埋场仅一墙之隔的空军信息工程学院，在当时的一次体检中，500 名官兵没有一个合格。③

　　虽然这些信息所证实的都是六里屯垃圾填埋场的危害，但如上节所言，政府当初建垃圾填埋场时就曾存在瞒报和无效承诺的问题，而今天，当政府再度以技术科学、设备先进等说辞来试图说服居民接受垃圾焚烧厂的风险时，无论是基于过往经验的不信任还是基于对焚烧风险的经验化、具象化信息，要想使公众再度接受这种说服都十分困难。但由于缺乏媒体对事件的公开报道，仅凭小区业主的自发宣传和网络讨论，垃圾焚烧的风险问题并未能引起居民们的广泛关注，凸显出大众传媒在界定公共问题中的重要性。

三　媒体的"风险启蒙"

　　2007 年 4 月 15 日—18 日，中央电视台连续报道了六里屯垃圾填埋场和六里屯垃圾焚烧厂的问题，报道不仅披露了六里屯垃圾填埋场建设上存在的决策违规问题，同时也关注了六里屯垃圾焚烧厂的风险问题。记者先后采访了中国环境科学院、中国人民大学数理统计室、北京工商大学清洁生产技术中心以及气象局的有关专家，从垃圾焚烧技术、环评报告中公众参与部分问卷调查的可信度、垃圾焚烧的危害以及六里屯地理环境的特殊性等多个角度对六里屯垃圾焚烧厂项目进行了报道。报道中介绍了垃圾焚烧在西方一些国家（包括美国、加拿大、德国、荷兰、比利时以及日本）等被停建或限制建设的事实与数据，并援引中国环境科学院赵章元的说法，呼吁中国政府不要再走西方国家的弯路。

　　六里屯居民孙思平是维权过程中的骨干人物，也是维权行动的"智囊团"的核心成员，而他真正开始高度关注六里屯垃圾焚烧厂，并积极

　　①　乾翁：《千人单位 7 年时间 46 人死于肿瘤——六里屯垃圾填埋场二次环境污染的惨痛教训》，2007 年 3 月 7 日，搜狐焦点网中海枫涟山庄业主论坛（http://house.focus.cn/msgview/1396/77606884.html）。

　　②　见于 2009 年 11 月北京六里屯居民提供的"六里屯垃圾场维权大事记"。

　　③　杨猛等：《还我新鲜空气》，2009 年 4 月 20 日，《南都周刊》（http://www.nbweekly.com/Print/Article/7553_0.shtml）。

参与行动便是与央视的这次连续报道有关，"我是央视的那次报道启蒙了我，那么多专家都说了，垃圾焚烧有问题。"笔者在访谈中接触的其他 10 位六里屯居民在提及媒体报道的作用时也都要提到央视的这次报道，对他们而言，报道不仅是向他们传播了风险知识，使他们更深刻地认识到他们的行动维护的不仅是他们这群居民的利益，同时也是大家共享的环境权益。而一些原本不相信或不支持他们行动的家人及居民也开始相信垃圾焚烧确有危害，并开始主动参与其中。包括作为事件骨干的张平，他刚开始站出来反对这个北京市重点建设项目的时候，连他父母都不支持，认为政府不会上马一个有害项目，要他"得相信政府相信党"，但在看了央视报道后，他父母的观点便开始有了转变①。

当天在场的其他 3 位受访者也均对此表示了赞同意见，认为媒体报道是在给他们"撑腰"，给他们的反建主张提供了理论和事实支持，帮助他们有效说服了六里屯的众多居民，使他们开始相信垃圾焚烧项目存在潜在的重大风险，并开始积极关注它。换言之，媒体报道在居民行动过程中不仅起到了确认垃圾焚烧的风险，帮助居民进行社会动员的作用；同时也揭露了政府决策过程中的违规行为，从而赋予了居民行动以正义性，他们不仅仅是在维护自己的合法权益，更为重要的是他们是在纠正一项政府的错误决策，帮助政府避免因决策错误而造成的不可逆转的环境风险。也正是通过将媒介力量引入公众与政府的风险博弈过程之中，为六里屯居民的利益表达提供了社会道义支持。

第三节　集体维权：体制内外的行动表达

一　体制内表达：投递申诉信与申请行政复议

如前所述，在 2006 年 12 月底的第一次小区业主会议后便有一些业主合作撰写了《反对在六里屯建垃圾焚烧厂的申诉信》，信中阐述了六里屯地理位置的特殊性以及发达国家因垃圾焚烧而造成的环境污染问题等，要求政府停建六里屯垃圾焚烧厂。除了通过在业主论坛召集到的投送申诉信的志愿者，将申诉信投送到国家信访局、北京市信访办、北京市市政管

---

① 笔者 2009 年 11 月 7 日对北京六里屯居民访谈的资料。

委、海淀区市政管委等政府机关外，他们还通过私人关系将申诉信投送给一些人大代表和政协委员，向他们反映六里屯垃圾焚烧厂的错误选址问题，并得到了部分代表和委员的回应①。

　　尽管在居民小区，尤其是以单位制为依托的西六建小区内就有人大代表，但他们中有的却不愿出面或不便直接出面。4位六里屯居民在谈及此问题时有一段对话充分说明了居民试图通过人大政协这一制度化参与渠道进行利益表达的困境：

　　"居民A：某甲，人大代表，你要他去反映？

　　居民B：他自个都吓死了。

　　居民C：但他是参加反建的，参加我们的会。但你要他跟上面说，他说不出这口。

　　居民B：他自个位子都是共产党给的，他要敢说，先给他按了。

　　居民D：说我们现在闹这么大，我们这边的人大代表不是说不说，也有说的，但不是普遍现象。

　　居民B：还怕说，你怎么有这儿的房子呀。

　　居民A：人大代表、政协委员其实很清楚，他们在的位子不是真的给老百姓发声音呀，他是要看，第一他提的这个提案呢最好能被上面采纳，被上面重视，但又不能得罪上面；所以喜欢找些无关痛痒的，但要有代表性的（事）；另外呢，他们也喜欢讨巧，这事政府可能是忽略了，但也想干。因为这个提案被采纳了后对他们的声誉有好处。所以他们会拿小升初、奥数班、公交线路的问题、医疗改革的问题，这些问题就讨巧了，政府呢可能觉得这些问题我也不讨厌，也不伤大雅，你看很少有人敢提反腐败的问题。

　　居民B：说半天，这是体制问题。

　　居民C：某乙，他是一个朋友在这边住，找了他，给他提供线索，他才关注这个。

　　居民A：他自己来了，实地考察，到老百姓家里座谈。他闻着臭味了。"

　　居民对话中提到的某乙是全国政协委员，他曾专程到六里屯进行了实

---

　　①　见于笔者2009年11月在北京六里屯调研期间，受访居民给笔者提供的"六里屯垃圾场维权大事记"以及2009年11月4日对六里屯居民访谈的资料。

地考察，并在随后的全国两会上提交了相关提案，同时还将提案挂在了自己人民网的个人博客上，六里屯居民争相点击并留言表示支持或鼓励，使得该博客点击量大增，某乙也因此成为了人民网强国博客的博客之星。正是此举令六里屯居民对垃圾焚烧厂的争议从业主公共领域进入了人大会议的公共领域，进而又通过互联网平台进入到媒体公共领域之中。2007 年 3 月 30 日，中华工商时报以《垃圾焚烧厂为何建在北京上风口》为题对六里屯垃圾焚烧厂项目提出了明确质疑，报道中部分刊载了某乙提案的内容，建议政府停建六里屯垃圾焚烧厂项目，另选合适位置，同时对北京市垃圾处理进行统一规划选址，加强垃圾分类的宣传与推进工作。

在六里屯居民不断递送申诉信，上访表达诉求的压力之下，北京市环保局终于在 2007 年 1 月底，在其官方网站上公布了六里屯垃圾焚烧厂项目环境影响报告书的简本以及北京市环保局对此项目环境影响报告书的批复。针对环评报告和环保局批复中存在的诸多问题，六里屯居民 100 位居民代表还以联名方式先后向国家环保总局和北京市法制办就环评报告和土地利用规划问题提出了行政复议申请，质疑项目选址不当，公众环评程序不到位，要求国家环保总局撤销此前北京市环保局的环评报告。① 但就在居民们等待行政复议结果的过程中，媒体报道所传达的官方立场仍然是项目年内就要启动，而相关专家对垃圾焚烧厂的表态亦坚持认为，垃圾焚烧是垃圾处理的最好方式。

投寄申诉信、申请行政复议都是六里屯居民在最开始反对垃圾焚烧厂的时候较早想到的合法表达方式，但申诉信或是石沉大海，或是虽然促使政府召开了座谈会但却并未能改变政府的想法，相当于部分失效；而通过公众参与的制度化管道进行的行政复议又因为需要经过重重程序而难以在短时间见效。从这个角度说，在 2006 年底到 2007 年初的这个阶段里，尽管居民采取了多种办法表达自己的维权诉求，但他们对六里屯垃圾焚烧项目的反对声音仅仅限定在小群体范围内，对外部更大范围公众而言仍处于"不可见"状态。从公共领域的话语表达来看，政府力推垃圾焚烧项目的

---

① 行政复议申请全文见：《反对建设垃圾焚烧厂：最终确定的行政复议书内容，感谢所有为此付出辛勤工作的热心业主》，2007 年 2 月 1 日，搜狐焦点网中海枫涟山庄业主论坛，（http：//bjmsg. focus. cn/msgview/1396/1/75808422. html）。

声音仍是主流话语。如此一来，无法获得有效表达的居民反对垃圾焚烧的声音与官方强势推动垃圾焚烧项目的主导话语之间出现了显在冲突。北京某媒体一位较早关注此事的记者与六里屯居民接触不久便明显感觉到这一问题，"我本人跟他们接触时间不长之后就发现一个很有意思的现象就是，北京市政府跟当地居民是一种很严重的对立状态，但高层的态度不明。就是在垃圾厂建立这个问题上，六里屯附近的居民跟北京市政府完全是对立的。……这个填埋场大家可以忍受，因为填埋场大家有个盼头，就是你再怎么味再浓，也有填满的时候，填满之后黄土一埋，那青山绿水，那是北京最好的地方呀。附近居民就盼着你垃圾越来越多，早点填完，填完之后上面肯定是公园嘛，因为底下那么肥沃的肥料。"① 正如这位记者所感觉到的，对于六里屯居民而言，垃圾填埋场臭气扰民的问题虽然还没有解决，但临近填满封场也不过几年时间，但如果垃圾焚烧项目上马了，填埋场的使用期限要延长不说，焚烧项目可能造成的新污染问题何时到头将无法预计。

在这种激烈的利益冲突之下，居民维权心切，却缺乏有效表达管道；政府则借助媒介近用优势不断对外界宣扬垃圾焚烧项目的科学性、合理性及其合法性。居民抗议的正义性与合法性在公用话语空间难以得到确立，迫使居民不得不转而采取其他方式开拓自己的表达空间。

二　体制外抗议：挂条幅、堵垃圾场和集体上访

2007 年 1 月 23 日海淀区政府的新闻发布会上，区政府表示如果开工后进展顺利，六里屯垃圾焚烧厂有望 2008 年建成并投入运行，将是北京市目前为止最大的垃圾焚烧厂，报道还引用专家话语称"垃圾焚烧是目前世界上处理生活垃圾最科学的办法"②。这些消息传出后引起了六里屯居民的强烈反响，尤其是专家对垃圾焚烧技术的解释遭到了业主论坛中业

---

① 笔者 2009 年 11 月 12 日对北京媒体记者的访谈资料。

② 相关报道详见：郭少峰：《北京六里屯垃圾焚烧发电厂有望明年运营》，2007 年 1 月 24 日，《新京报》（http：//www. xinhuanet. com/chinanews/2007 – 01/24/content_ 9122872. htm.）。王海燕：《海淀区将建六里屯垃圾焚烧发电场》，2007 年 1 月 24 日，《北京日报》（http：//www. beijing2008. cn/20/18/article214011820. shtml）。杜新达：《最大垃圾焚烧发电厂明年建成 专家释疑：不会危害周边环境》，2007 年 1 月 24 日，《北京晚报》（http：//news. sina. com. cn/c/2007 – 01 – 24/132011077660s. shtml）。

主们的质疑与抨击。

3 天后（2007 年 1 月 27 日），300 多位小区业主在小区广场召开了大会，讨论该如何行动。由于小区居民都刚入住不久，业委会也尚未成立，当天的大会现场显得一片混乱。大家你一言我一语，没有讨论出一个结果来，但都觉得应该想办法把事情宣传出去，让更多人知道。会后，写有"以妻儿老小的名义反对六里屯建垃圾焚烧厂"、"我们不想生活在癌症的恐惧中"、"我们不想呼吸有毒的空气"等反建口号的条幅开始在小区内悬挂（见下图）。

有人联系了北京《七日七频道》栏目，遭到了婉言拒绝；也有人联系了《北京晚报》，但稿件最后在编辑那被卡了。条幅才挂了一个周末，周一城管人员就找到了小区挂有条幅的业主家，要求业主将条幅收起来，否则将罚款甚至拘留处理，大家有点害怕了，乖乖将条幅收了。虽然条幅只挂了 2 天，而且媒体也未予报道，但满小区的红色醒目条幅①还是吸引了周边不少居民的注意。

2007 年 4 月 3 日，居民收到了由国家环保总局转发来的北京市环保局的答辩状，答辩状认为居民提请行政复议已经超过法定期限，并认为项目已经按照法律规定收集了公众意见，同时项目不涉及公共利益，也不存

---

① 由于大家刚开始缺乏经验，所以制作的为红底白字的条幅，虽然醒目但同时却也很"喜气"，受到了一些居民的批评，认为应该弄成跟挽联一样才显眼，在后来的行动中，条幅一般被做成绿底白字，以突出他们的环保诉求。据笔者 2009 年 11 月 17 日对北京六里屯居民的访谈资料。

在直接涉及行政复议人与他人重大利益关系的情形，因此不需要举行听证或告知利害关系人听证权利①。4月8日，六里屯居民提交了对该答辩状的答辩意见，逐条批驳了北京环保局的答复。对项目环评的公众参与，居民自发进行了抽样调查，结果出现与环评报告中71%的人同意垃圾焚烧项目意见截然不同的调查结果，除了2%被访者表示无所谓外无一人表示支持。2007年4月11日，中华工商时报对居民的调查结果进行了报道，并呼吁政府就该项目召开听证会②。然而，就在该报道发出后的第二天，北京日报即发表题为《海淀设循环经济专项资金》的新闻，表示"年内，海淀区将启动六里屯垃圾焚烧发电厂工程"③。这一消息使正处于等待行政复议结果的六里屯居民暗感不妙。

2007年4月14日是六里屯垃圾填埋场场第一个公众开放日，不少居民从媒体得知此消息后便在网上议论，认为应该借开放日去看看填埋场究竟是如何运作的，为什么会那么臭。当天下午陆陆续续有近百名居民前往"参观"，他们手持反对六里屯垃圾焚烧厂标语聚集在填埋场门口，结果造成了垃圾填埋场门口路段交通拥堵，直到傍晚6点才在警方协调下恢复畅通。北京晚报、京华时报和中华工商时报均对此事进行了报道，前两者关注的都是居民抗议造成的交通堵塞和正常社会秩序的破坏，而中华工商时报则再度强调了政府面对居民的强烈反对召开一次公开、公平、公正、专业的听证会的必要性。④

就在六里屯居民堵垃圾场后的第二天，央视有关六里屯垃圾焚烧厂事件的连续报道开始播出，在其中的一期节目中，北京市环境保护局环境影响评价管理处处长宗祝平对媒体表示"六里屯垃圾焚烧厂不会产生

　　①　见于2009年11月北京六里屯居民提供对北京市环境保护局行政复议答辩状（京环法复辩字［2007］1号）的意见。

　　②　王义伟：《距离居民点不足300米一方要听证一方不同意　建垃圾焚烧厂要不要开听证会》，《中华工商时报》，2007年4月14日002版。

　　③　王世松：《海淀设循环经济专项资金》，2007年4月12日，《北京日报》（http：//news.sina.com.cn/c/2007 - 04 - 12/073311622526s.shtml）。

　　④　姜晶晶：《为阻垃圾焚烧场建设　十余小区数百业主堵门抗议》，2007年4月16日，《北京晚报》（http：//epaper.bjd.com.cn/wb/20070415/200704/t20070415_ 251369.htm）。王晴：《居民持标语要求停建垃圾焚烧厂》，2007年4月15日，《京华时报》（http：//www.sxgov.cn/xwzx/gnxw/440210.shtml）。王义伟：《六里屯垃圾焚烧厂再遭阻建》，2007年4月16日，《中华工商时报》（http：//news.sohu.com/20070416/n249451992.shtml）。

二噁英"①，这一说法激起了六里屯居民的不满。"老百姓一听这个，环保局主管这个项目的人，你居然说这种不专业的话，很不负责任的话，对吧，这种常识性东西都没有的人，还要管这个。然后居民说那不行，得去得去。"② 于是，4月20日，近百名六里屯居民到北京市环保局门前打出了"坚决抵制二噁英毒害北京"、"破坏环境等同谋财害命"、"坚决反对在海淀区六里屯建垃圾焚烧厂"等标语，要求官员对问题作出解释。但这次上访并未能获得官方对六里屯垃圾焚烧厂项目的任何正面回应，官员坚持表示他并未说过那样的话，而居民回去后反复收看了那段视频，也认为媒体可能的确有"断章取义"的嫌疑。③

2007年5月底，居民收到了北京市法制办的行政复议决议书，决议书仍维持了垃圾焚烧厂项目的建设用地规划许可，这也就意味着国家环保总局的行政复议决定成了居民手中最后的"救命稻草"，一旦国家环保总局维持了原来北京市环保局所作的六里屯垃圾焚烧厂的环评报告，就等于六里屯垃圾焚烧厂得到了中央政府的支持，必建无疑。而有居民通过自己政府部门的朋友了解到，国家环保总局的压力很大，决议的结果可能会取决于舆论。针对这种情况，居民们专门就此召开了一次反建情况通报会，会上大家一致要求在6月5日世界环境日当天到国家环保总局表达群众呼声。而在申请行政复议的过程中曾与国家环保总局相关人员打过多次交道的居民代表出于行动合法性的考虑，特意提前打电话告知他们将在世界环境日到国家环保总局去要求环保总局为民做主，保护环境，结果也得到了对方的默许④。世界环境日当天，近千居民身着统一的印有"反对建六里屯垃圾焚烧发电厂"字样的文化衫，手举"要生命不要二噁英"、"请求环保总局依法执政为民做主"等标语，聚集在国家环保部门口，请求停

---

① 北京六里屯垃圾场：《12年前瞒报事实 污染工程糊涂上马》，2007年4月17日，央视国际（http://www.cctv.com/program/qqzxb/20070417/103903.shtml）。
② 笔者2009年11月7日对北京六里屯居民访谈的资料。
③ 同上。
④ 居民们十分清楚，如果是游行示威需要事先向公安机关申请，而即便申请，结果肯定也是难以获批，因此大家借鉴厦门市民的"散步"经验，选择在世界环境日当天，以宣传环境保护为合法名号到国家环保总局前集体请愿。从居民这种行动时机的选择也不难看出他们对国家所能容忍的集体行动边界的理性认识。而且在整个行动过程中，大家没有喊口号，目的就是为了避免有不明身份的人混入其中乱喊违法口号，陷居民于不利境地，居民理性维权意识从中可见一斑。笔者2009年11月4日、11月7日对北京六里屯居民访谈的资料。

建六里屯垃圾焚烧厂（见下图）①。两天后，国家环保总局宣布了要求六里屯垃圾焚烧厂项目缓建的决定，居民维权取得了阶段性胜利。

第四节　有序参与：摸索中实践与政府的策略性对话

一　监督地方政府执行中央决策

（一）成立"拜访组"

尽管国家环保总局的一纸缓建决议标志着六里屯居民反建垃圾焚烧厂一事取得了阶段性胜利，但正如决定公布后有居民所担忧的一样，项目只是被"缓建"而非被"停建"。

2008 年奥运会结束后不久，媒体便开始陆续放风表示六里屯垃圾焚烧厂项目将继续推进：2008 年 10 月 9 日，北京晚报报道说，六里屯垃圾焚烧厂已完成项目选址、环境影响报告等前期手续，即将在更大范围内征求公众意见；2009 年 1 月 8 日，新京报报道称，海淀区区长在海淀区两会所做的政府工作报告中提出，2010 年要加快推进六里屯垃圾焚烧厂的建设。紧接着，媒体又报道了北京市规划委副处长刘荣华的"大型垃圾场的选址不会有变动，尤其是高安屯、六里屯垃圾焚烧厂的建设基本不会再做调整"的言论。2009 年 2 月 4 日，北京市市政市容管理委员会的政府网站的消息称，北京市市政管委官员组织召开了圾焚烧厂项目专题会，并要求"要从扩大内需，加大投资考虑，各相关部门加快项目前期审批，尽早实现投资。"2009 年 2 月 12 日，法制晚报报道，北京市内年将建成 4

① 图片取自：clytze999：《第一时间目击：6.5 环境日反建活动。刚从国家环保局反建活动现场返回单位，向没去现场的邻居们汇报一下情况》，2007 年 6 月 5 日，搜狐焦点网中海枫涟业山庄业主论坛（http://bjmsg.focus.cn/msgview/1396/1/85391026.html）。

座垃圾焚烧处理试点，其中包括六里屯垃圾焚烧点。由于当时正值金融危机，国家有拉动内需的计划，在这种情况下，有居民原本就担心政府可能将垃圾焚烧厂作为刺激经济的手段加快建设；而媒体接连放出的这些不利消息也证实了居民的担心的确不无道理。尤其是在国家环保总局负责人在2009年3月12日全国两会新闻中心的专题采访中再度重申了六里屯垃圾焚烧厂未经核准不得开工的决定后的第二天，北京市发改委网站上公布的北京市2009年198项重点建设项目中，六里屯垃圾焚烧厂仍在列。

这些消息对六里屯居民而言无疑都是政府准备再度启动六里屯垃圾焚烧厂项目的重要信号。但是，在这些不利消息面前，居民并没有采取体制外的抗议手段，而是转而采取了与政府正面协商的方式，成立了所谓的"拜访小组"。这一说法是六里屯居民孙思平在学习信访条例的基础上创造出来的一个概念，用他的话说"上访是带着诉求去的，拜访是不带诉求的，我们去反映情况，沟通问题，比如具体谈到北京垃圾出区的问题，垃圾管理的问题。"① 通过这种常规化的拜访，六里屯居民也明显感觉到政府官员对待他们的态度在发生着明显的变化，从最开始的排斥、对立情绪到现在的认真倾听并记录居民的意见与建议，并主动给他们留下联系方式，表达愿意与居民进行进一步沟通的意愿。

从受访者提供的2009年3月以来的拜访组工作日志来看，他们拜访的不仅是北京市各相关政府机关，还包括另外两类群体，一是垃圾焚烧方面的专家学者，如中科院二噁英专家郑明辉、清华大学环境工程系二噁英专家黄俊、中国环境科学院的赵章元、曾主笔六里屯垃圾焚烧厂建设可行性报告的中国电工设备总公司高级工程师乐家林、北京大学公共卫生与环境健康专家潘小川等等；二是六里屯周边的军事单位、科研院所等，如国防大学、309医院以及军科院等②。"拜访组"由六里屯周边自发参与此

---

① 笔者2009年11月4日对北京六里屯居民访谈的资料。

② 见于2009年11月4日北京六里屯居民为笔者提供的拜访组日志。居民们其实早在2007年向国家环保总局提出行政复议申请时就已有了"拜访"这种方式，几名退休的反建业主经常性地跑政府各相关部门与他们沟通垃圾焚烧的一些相关知识、可能存在的危害等，业主发现这种常规的沟通确实有效，一些政府工作人员接待他们的态度也开始有了明显的变化，便逐渐发展为业主的一种常规的表达方式，成立了相对固定的"拜访组"，拜访组并没有固定记日志的习惯，但会经常通过小区论坛发帖的方式与其他居民交流讨论拜访情况。此处的拜访日志是一位受访业主2009年加入拜访组后才开始记录的。

事的志愿者组成，其核心成员，如笔者访谈中接触到的孙思平、王有才、董琳，则多是因为退休或休产假在家照顾孩子的缘故，有比较多的空闲时间投入拜访工作的居民，他们通过拜访所获取的第一手信息、积累的专家资源以及调动的六里屯周边新的成员资源等都为他们第二阶段的反建工作创造了有利条件。

（二）设置"阻击点"

与六里屯居民前期反建过程中所遭遇的利益表达困境一样，媒体2008年底开始发布的一系列与六里屯垃圾焚烧厂相关的报道只是简单复制了官方话语，但并未公布政府启动专家论证和公众参与程序的信息。而居民没有采取行动抗议的方式的一个重要原因在于，他们判断，在北京这样一种特定的权力结构安排下，地方政府不敢轻易违抗中央政府的决定，专家论证和公众参与都将是六里屯垃圾焚烧厂项目再度启动时无法绕开的程序。因此，对六里屯居民而言，只要把握住这两个环节，设置恰当的"阻击点"就能够实现对政府决策的有效参与。

海淀区政府拟定于2008年10月28日就六里屯垃圾焚烧厂项目召开专家论证会，相关信息并未在媒体或网络上公布，是获知此事的专家将信息告诉了居民。而这种专家信源则正是得益拜访组的拜访工作。得知此消息的居民立马给海淀区政府发去律师函要求参加，后来得到消息说专家论证会取消了，原因是北京市有领导表示此事应慎重，要让公众参加。而针对政府放出的有关六里屯垃圾焚烧厂建设的最新消息，"拜访组"也会及时作出反应，拜访的时机、频率、人数与政府通过媒体释放的推进六里屯垃圾焚烧厂项目的力度密切相关。

2009年初媒体多次援引北京市政府官方信源消息，表示六里屯垃圾焚烧厂的建设将继续推进，基本不可改变等，尤其是2009年3月12日国家环保总局负责人在全国两会的专题采访中重申了六里屯垃圾焚烧厂未经核准不得开工的决定后的第二天，北京市发改委网站上公布的北京市2009年198项重点建设项目中，六里屯垃圾焚烧厂仍在列。这些信号在六里屯居民的解读中无疑显示出政府拟再度强力推动该项目的决心，在此情况下，居民连续10次派人去北京市信访局拜访，强调国家环保总局的行政复议决定中对于项目建设前必须经过专家论证和更大范围公众参与的决定，同时给他们提供最新的垃圾焚烧方面的资料、与他们沟通垃圾焚烧的危害等，并向政府各相关机构投诉了附有六里屯周边居民签名的《万民请愿书》，强烈呼吁政府停建六里屯垃圾焚烧厂或另行选址。

此外，由于政府再度启动六里屯垃圾焚烧厂项目离不开更大范围的公众参与这一条件，为扩大参与者的范围，保障环评公众参与程序启动时六里屯周边居民能够有效参与，中海枫涟和百旺茉莉园的业主还在 2009 年 4 月 19 日世界地球日前夕组织了一次大规模的环保宣传活动，宣传的主题就是"垃圾焚烧 科学选址"和"垃圾分类 源头减量"。当天有五六十辆车，两三百位业主，兵分 5 路赴垃圾焚烧厂周边 5 公里范围的各大住宅小区、商场超市、路边街道、医院学校、旅游景点等地方展开宣传，吸引了许多周边民众的参与并在条幅上签名表示支持。

"（当天的活动）在航天城等很多重量级单位都得到很大支持，这些机构虽然不好以单位的名义出来参加，但是个人都很反对这个项目，而且他们有自己的专门渠道向上反映。我们附近还有一个将军楼，里面的一些将军以前闻到臭味不知道这里有垃圾场，现在也很关注，还有用友（软件园）、国防大学、空军信息工程学院、中央党校等等。"[1] 而活动中的签名条幅则被活动组织者在 6 月 5 日世界环境日送到了国家环保部，用受访者的话说，他们这么做的目的主要有两个，一是表达他们对环保部 2 年前（2007 年）"为民做主"缓建垃圾焚烧厂项目的决定表示感谢，二是以行动表示项目周边民众现在仍在持续关注项目的进展情况，项目再度启动想要跳过"公众参与"环节是不可能的。[2]

二　替政府找台阶"下台"

（一）为政府决策提供"信息补贴"

六里屯居民早期反建行动带有非常鲜明的"环境维权"色彩，填埋场的既成污染、焚烧厂的潜在风险、填埋场周边居民癌症率的升高等等是他们反建诉求的主要依据。而随着维权的逐步深入，反建的核心成员们对该议题的认识也逐渐深入。用受访者孙思平的话来说，"维权维得好一定要是学习型的。不能凭一股热情，一定要学（习）对方东西。"[3] 无论前期维权过程中对我国体制内参与管道（如信访、行政申诉）参与规则的

---

[1]　笔者 2009 年 8 月 19 日对北京六里屯居民网络访谈的资料。

[2]　笔者 2009 年 11 月 14 日对北京六里屯居民访谈的资料。

[3]　笔者 2009 年 11 月 4 日对北京六里屯居民访谈的资料。

学习还是后期"拜访组"在反复拜访过程中就城市"垃圾围城"困局问题与政府官员、专家学者所展开的对话与交流，实际上展现的恰恰是处于制度革新和转型过程中的中国社会里，公众摸索如何参与政府决策，政府学习如何做到民主决策一个微观过程。从六里屯居民的维权和参与实践来看，参与者们通过自主学习、换位思考，理性认知他们所要参与的风险决策议题，是与专家、政府官员等决策中其他参与者实现有效对话的关键所在。

"拜访组"成员在对政府官员和专家学者进行反复拜访的过程中也发现，官员和专家的立场开始发生变化，开始理解居民强烈反对垃圾焚烧项的原因；而居民也开始换位思考，理解"垃圾围城"背景下政府垃圾处理工作面临的困境，并开始主动为政府想办法解决海淀区的垃圾出路问题。

由于政府规划六里屯垃圾焚烧厂时曾强调六里屯垃圾填埋场将提前至2014年封场，届时，海淀区垃圾将面临无处消纳的困境。在与官员沟通的过程中，居民提出应当打破行政区划界限，允许海淀区垃圾出区处理，而官员也吸纳了这一意见。"我去找市政管委主任王爱民，第一次我就跟他讲北京市的垃圾问题，从垃圾围城到城围垃圾，症结何在呢？是政策造成的，政策中非常错误的一条就是不能打破区划界限，他刚开始不同意。第一次，他说是行政区划界限，那我说你内城四区为什么可以拉出去？他说那是历史造成的，我说那你怎么不与时俱进，北京发展这么快，对吧，分区的做法实际上是以阶级斗争为纲的时候确定的，现在都什么时代了，都科学发展观的时代了。那你为什么不与时俱进？我说当年北京市这山后地区都是稻子呀，你现在都北部新区了，航天城都建起来了嘛，那好，做（了）这个工作，其实他听进去了。第二次再去，他反过来做我的工作了，垃圾就是要出区呀，要打破行政区划界限，不能这样。"① 而在2009年5月北京市副市长黄卫分管北京市环保局之后对原有垃圾处理政策进行了调整，垃圾处理可以出区。公众参与对政策的影响在此得到了体现。

此外，一些居民还主动与自然之友、地球村等NGO组织取得了联系，定期参加这些NGO组织的环保知识讲座，在他们的带领下参观考察一些新的垃圾处理技术。这些新知识的输入也使居民自身对垃圾处理的认识日

---

① 笔者2009年11月14日对北京六里屯居民访谈的资料。

益深刻，开始逐渐认识到垃圾处理必须从垃圾分类、源头减量做起，而不能简单地"一烧了之"。这些通过 NGO 渠道输入给居民的这些知识则又成为居民与政府沟通时的材料，为公共政策的深入讨论提供了帮助。

（二）给政府"找退路"、"留面子"

从社会运动的资源动员理论来看，运动者都是理性人，他们的行动选择是理性考量的结果，并会尽可能以较小的支出成本来达成行动目标。六里屯居民前期行动的过程也恰恰证实了这一点。中海枫涟和百旺茉莉园虽然是行动中的主体力量，但这两个小区都属于新建住宅小区，两小区居民加起来不到 1 万人，即便加上颐和山庄和西六建的居民，行动的积极参与者也不超过 3 万人。在前期反建的过程中，在内部和外部资源都有限的情况下，将诉求点聚焦在六里屯垃圾焚烧厂的选址错误问题上便于行动者集中使力。但这种利益诉求的弊端也很快表现了出来。随着 2009 年北京其他垃圾焚烧厂项目的规划建设，被缓建的六里屯垃圾焚烧厂成了这些地方居民反对当地垃圾焚烧厂项目的重要理由。"以后对话就问一个问题：六里屯为什么停建了？这是他们最大的痛。一切谎言胡言不攻自破。只有哑口无言。""不能以某地的人口居住分散为由，就可以建垃圾焚烧厂。停建六里屯的标准是什么？同在北京的蓝天下，不能一个项目，两个标准。"[1]

孙思平对这些说法的理解是，他们在政府决策中"被陪绑"了，一直要掩护着北京其他几处垃圾焚烧厂建完为止。而王有才和李慧兰等人则认为地方政府是有可能不顾或绕开中央决策偷偷建设的。2009 年 11 月 7日，王有才和张平领着笔者到六里屯垃圾填埋场附近调研时，垃圾焚烧厂项目的规划用地里一栋建筑物正在紧密施工，已经修了 2 层高，有段时间没到现场查看的王有才吃了一惊，"这还正打着官司呢，这怎么就偷偷盖上了，亮甲店没给他们签字呢，怎么盖起楼来了"，张平则表现得相对冷静，表示那个楼房看起来像是个办公楼，不像是焚烧厂车间，可能是政府将那块地规划作他用了。事后，我们回到颐和山庄，李慧兰听说这消息也很气愤，觉得政府太没诚信了，"他（注：指海淀区政府）现在拖，把老的这帮都拖没了，他好接着干。"

---

① 　westdoor3@ sogou.：《今天的对话让我感到对未来更加担心的理由（续）》，2009 年 8 月 7日，搜狐焦点网保利垄上业主论坛（http://house.focus.cn/msgview/2637/175178512.html）。

　　他们说的官司是六里屯垃圾焚烧厂规划用地的行政诉讼，尽管反建初期他们向北京市法制办提出的就土地利用规划一事提出的行政复议申请被驳回了，但随后他们又通过私人渠道掌握了新的证据，即六里屯垃圾焚烧厂用地属于国家基本农田用地，不能随便置换为建筑用地①。孙思平等人曾多次向北京市国土局质询此事，一直未能得到有效答复。据此，六里屯居民 2009 年 10 月 27 日向北京市东城区法院提起了行政诉讼，诉北京市国土局行政不作为。2009 年 12 月 19 日，法院宣判支持了六里屯居民的诉讼请求，责令北京市国土局履行职责；但随后北京市国土局将球踢给了海淀区国土局，海淀区国土局答复认为此项目当初是北京市政府批准了的，言外之意是六里屯居民应该找北京市政府了解情况②。

　　实际上，早在起诉时，孙思平就已经预见了该结果，但他们起诉的本意也并非为了让政府解释项目用地问题，而是为了让政府部门认识到，六里屯垃圾焚烧厂除了选址问题外，土地利用规划也是存在问题的，如果政府要再度启动该项目，那么这无疑又是一个阻力点。面对政府决策中存在的法律漏洞，居民起诉的目的并不是为了让政府即刻修正错误，但却通过点明政府过往决策中存在的违规违法问题，再度强化了自己反建行动的正义性与合法性，迫使政府对既定决策进行反思。

三　持续参与推动政府"认错"

　　由于政府早年规划建设六里屯垃圾填埋场时的配套环境保护措施不到位，填埋场目前垃圾日处理量大大超标，已经给周边环境造成严重污染，周边居民苦不堪言。然而，在此背景下，政府又提出在当地建设垃圾焚烧厂，于情于理，对居民而言都是难以接受的风险决策。然而，对于政府而言，六里屯垃圾焚烧厂作为北京市重点建设项目，从选址、环评、征地到项目开工建设，无疑已经耗费了大量的行政成本，更为重要的是，居民对六里屯垃圾焚烧厂的强烈反对也直接影响了北京其他计划建设中的垃圾焚烧厂的反对，对身处"垃圾围城"危机之中的政府而言，政策修正成本

----

　　①　我国《基本农田保护条例》第 15 条明确规定，"基本农田保护区经依法划定后，任何单位和个人不得改变或者占用。国家能源、交通、水利、军事设施等重点建设项目选址确实无法避开基本农田保护区，需要占用基本农田，涉及农用地转用或者征用土地的，必须经国务院批准。"

　　②　此案件的进展为笔者 2009 年 12 月通过邮件和 QQ 聊天方式向六里屯受访者跟进了解的信息。

是不得不考虑的一个问题。

2010 年 2 月 4 日，新京报报道了六里屯垃圾焚烧厂拟迁址的消息，援引北京市市容委高级工程师王维平的说法，表示考虑到六里屯垃圾填埋场污水未能及时处理等造成臭味超标、当地未来可能成为中关村科技园区的核心区和周边居民的反对等三方面意见，新址初步定于海淀和门头沟交界处山里的一座废弃矿山①。尽管报道发出后马上北京市市政市容委副主任立即通过北京晨报、京华时报等媒体做出了澄清，表示他们还没有对六里屯垃圾焚烧厂搬迁一事进行具体研究，海淀区的垃圾处理问题仍需海淀区负责。但次日，京华时报报道引述王维平的话表示，六里屯垃圾焚烧厂搬迁尚未明确，是否搬迁或者最终搬迁到哪里，还应由政府部门来决策②。

在媒体对六里屯垃圾焚烧厂搬迁一事的争议中有一点其实是明确的，即作为北京市垃圾处理专家的王维平亦认为六里屯垃圾焚烧厂现在的选址存在问题，而相关政府部门也确实在考虑重新选址的问题，只是在当前以垃圾焚烧为城市垃圾困境唯一出路的大政策背景下，他们并不愿因六里屯垃圾焚烧厂项目而阻碍了北京市其他地方的垃圾焚烧厂建设计划。

尽管政府变更既定决策面临种种问题，但随着时间的推进，六里屯周边一系列新开发楼盘小区陆续交房，关注和参与到反建队伍的居民也越来越多。为有效反对政府的此项既定决策，六里屯居民尝试了多种渠道和方式来表达他们的利益诉求与主张。而在此过程中，反建核心成员对政府体制内参与管道参与规则的主动学习，对政府决策风险依据的主动调查、分析与研究，以及他们持之以恒对政府官员、专家学者的拜访等最终推动政府对六里屯垃圾焚烧厂项目作出了停建的决定。

经过六里屯居民长达 4 年多的持续努力，2011 年初，北京两会上，北京市委常委、海淀区委书记赵凤桐终于在会上明确表示，"不在六里屯再建垃圾焚烧厂了"，海淀区将在距离六里屯约 20 公里的苏家坨镇大工村建立垃圾焚烧厂，日焚烧处理生活垃圾量预计将达到 2000 吨，计划

<hr />

①　杜丁：《六里屯垃圾焚烧厂拟迁址 考虑周边居民反对等 3 因素，新址初定海淀和门头沟交界处废弃矿山》，《新京报》，2010 年 2 月 4 日 A08 版。

②　详细报道见董正：《市市政市容委回应媒体报道 六里屯垃圾厂搬迁未定》，《北京晨报》，2010 年 2 月 5 日 A06 版。文静：《北京市政澄清：六里屯垃圾焚烧厂搬迁尚未研究》，2009 年 2 月 5 日，《京华时报》（http://news.163.com/10/0205/05/5UO0VBL7000120GU.html）。

2012 年底建成。①

　　从媒体对此议题的报道来看，居民持续而且强力的反对；项目距离北京市一级水源保护地京密引水渠距离过近，可能带来水源污染；开始于15 年前的六里屯垃圾焚烧厂规划已完全无法适应 15 年后海淀区经济快速发展的现实需要，项目周边地价攀升，高档小区鳞次栉比，项目周边人口已达到 20 万人。② 这三个方面的重要原因导致政府不得不重新审视六里屯垃圾焚烧厂决策，另行选址。而回顾六里屯居民反建的整个过程不难发现，项目紧邻京密引水渠、项目周边人口数量的剧增，这两点也正是六里屯居民反对在当地建设垃圾焚烧厂的重要反建理由。

　　处于转型期的地方政府的社会公共管理任务繁杂庞多，难以对每一项关涉重大环境风险问题的公共决策进行深入、充分而有效的调查论证，当他们基于快速解决当下可见的"垃圾围城"危机的出发点出发进行决策时，如果缺少风险直接承担者——公众的积极参与，决策的风险虽可能不会短期显现，但却可能造成日后更为严重的环境隐患。在六里屯居民反建这一公众参与个案中，我们可以清晰地发现，周边居民作为项目风险的直接承担者，他们对于自己生活环境周边可能存在的种种环境隐患有着更为直接的感受与洞察能力，尽管他们参与的最初动机带有明显的"利己"偏向，但参与行动本身并非盲目、毫无依据地"胡搅蛮缠"，而是"学习型参与"，是建立在对自身环境利益诉求的细致调查和理性论证基础之上的。

　　而从国家环保总局缓建决定公布后六里屯居民与政府之间所进行的一系列对话中不难看出，居民事实上强调六里屯垃圾焚烧厂选址不当的过程中也在对政府决策的违规行为进行积极监督，并将这种监督作为保障他们反对垃圾焚烧厂行动有效性的重要保障。从六里屯居民参与的政治环境来看，政府有关六里屯垃圾焚烧厂项目的决策确实存在多个显在漏洞，决策本身具有不合理性，抓住这些显在漏洞，居民的环境维权诉求的正义性与合理性能够快速得以确立；同时，通过将反建依据聚焦在项目决策的历史遗留问题、周边环境敏感点过多等少数几个核心诉求点上，六里屯居民在

　　① 易靖：《北京六里屯垃圾焚烧厂确定被废 新址选在大工村》，2011 年 1 月 20 日，《京华时报》（http：//news. sohu. com/20110120/n278976753. shtml）。

　　② 文静：《北京六里屯垃圾焚烧厂被否决 居民曾强力反建》，2011 年 2 月 9 日，《京华时报》（http：//news. qq. com/a/20110209/000031. htm）。

给政府"留面子"的同时事实上也在减少自身维权行动的行动阻力，迫使政府将垃圾焚烧这一公共政策的执行方向往其他阻力更小的项目上推进。但也正因为他们后期所选择的这些相对"封闭"的参与方式，使得他们借助体制内有序参与管道而进行的诸多参与活动（包括"拜访"、诉诸法律渠道等）以及这些参与活动中公众与政府就破解"垃圾围城"问题而进行的一系列深入讨论①都未能被纳入到更为公开、开放的传播空间中进行，很难为外界公众所了解，进而也限定了第三方加入讨论的可能性，缩小了公共讨论参与者的范围、意见多元化的程度以及公众参与所体现的民主协商精神对整体性公民社会建设的示范效用。但同时也不得不承认，居民的这种行动逻辑与他们一直以来所遭遇的近用媒介的困境之间有着密切关联，是他们基于自身资源动员能力的理性认识而选择的参与策略，笔者在后面的章节中将对此展开具体分析与讨论。

---

①　事实上，六里屯拜访组核心成员在拜访政府各相关机构官员、专家学者的过程中，就垃圾分类、源头减量，以及垃圾处理的新技术等问题进行过大量讨论，部分反建成员还多次参与环保 NGO 组织自然之友组织的垃圾处理问题的专题讨论与调研，通过"信息补贴"、"行动补贴"等方式积极影响政府决策。2009 年 3 月 31 日，政协北京市第十一届委员会常务委员会第八次会议审议通过了《关于北京城市生活垃圾分类处理有关问题的建议案》，《建议案》表示"城市生活垃圾已经成为困扰首都可持续发展的突出问题"，由于垃圾处理设施所在区县及周边群众普遍不愿接纳垃圾处理设施，抵触情绪大，矛盾难协调，设施建设周期长，给城市垃圾处理工作带来了困难，并建议从源头做好垃圾"减量化"工作，开展"零排放"试点；并通过投放垃圾分类公益宣传片、垃圾分类公益广告、在社区、学校中开展垃圾分类系列宣传活动以及向市民发放垃圾处理分类处理手册等方式宣传垃圾分类工作。可以说，政府将垃圾分类提上决策议程，并开始重视垃圾分类的试点与宣传推广工作，与包括六里屯居民在内的北京多地居民反建垃圾焚烧厂过程中对政府垃圾处理政策的质疑紧密相关，是政府对公众质疑的一种回应。但由于居民参与过程中相关诉求在媒体层面的不可见性，使得公众参与对政府政策议程设定的影响力远不如广州番禺居民反建案例明显。

第二章

个案叙事：广州番禺居民反建的传播实践

第一节　事件缘起：媒体报道激活的"沉默"议题

一　未被关注的媒体报道与业主发帖

2006 年底北京六里屯居民反建垃圾焚烧厂的事件虽然得到部分媒体的关注，但其影响仅局限于北京一地，受其影响，北京高安屯、阿苏卫等地也先后发生了居民抵制当地垃圾焚烧厂的事件，但参与人数有限，媒体关注度也有限，均未能演变为全国范围内的公共议题。推动垃圾焚烧风险成为一个全国范围关注的公共议题的事件正是广州番禺垃圾焚烧厂引发的居民反建行动。

六里屯垃圾焚烧厂依托填埋场而建，而政府在垃圾填埋场的选址、规划、建设以及管理过程中存在的诸多问题早已让周边居民苦不堪言，因此，当媒体有关六里屯垃圾焚烧厂即将上马的消息传出后，周边居民基于自身日常生活的亲身体验，迅速将抽象的垃圾焚烧厂风险变为具象化且具有更大范围动员能力的问题，开始了一系列的以维护自身环境权益为核心利益诉求的传播实践活动。与六里屯案例相似，番禺垃圾焚烧厂的建设同样是为化解城市垃圾量的迅猛增长与现有垃圾填埋场处理能力有限之间的矛盾。

据媒体报道，番禺 2008 年年产垃圾量 52 万吨，生活垃圾的年增长率约 12%，照此计算，到 2010 年，垃圾量达 73 万吨。番禺火烧岗垃圾填埋场是番禺最大的垃圾处理场，承担番禺区三分之二的垃圾处理任务。①

---

① 祝勇等：《二噁英阴影笼罩居民心结难解》，2009 年 9 月 25 日，《南方都市报》（ht-tp：//gcontent. oeeee. com/0/51/05128e44e27c36bd/Blog/30f/5933b3. html）。

兴建于 1992 年的这个垃圾填埋场，兴建之初，每天的垃圾处理量仅 200 吨左右，但随着番禺中心城区的不断扩大，大小楼盘相继落户，城市生活垃圾量不断增加，2008 年时该填埋场日处理垃圾量已上升到近 1200 吨，臭气扰民的问题逐渐严重。政府计划到 2010 年前后即关闭该填埋场，将其改建为公园，彻底解决臭气扰民问题。① 而为破解垃圾届时"无地可埋"的难题，2003 年，番禺区政府即提出规划，投入 4.5 亿元，在石基镇凌边村建设垃圾焚烧发电厂，统一处理全区生活垃圾，但由于垃圾焚烧发电厂选址要考虑广州南拓要求，此前选址难获审批，一拖数年，直到 2008 年前后新的规划才获得审批，选址位于大石镇会江村，预计还需 3 年方能建成投入。②

尽管番禺垃圾焚烧厂的规划建设与六里屯项目有着极为相似的背景，但两者又有着明显不同之处，即番禺垃圾焚烧厂项目实际上是另行选址建设的，番禺反建事件中的参与主体——丽江花园、碧桂园等小区业主，距离垃圾场位置较远，从业主论坛来看，在 2009 年前鲜有人提及"臭气扰民"问题；而规划建设的番禺垃圾焚烧厂，尽管媒体披露了项目的建设计划，但并未明确项目具体选址，这些缺乏接近性且模糊不清的消息显然难以引起业主们对此事的关注。

从反建核心阵地"江外江论坛"③ 上展示出的事件脉络来看，最早提及番禺垃圾焚烧厂项目规划的帖子发布于 2009 年 1 月 1 日。当天，业主"Dobby99"发布了一则题为"正在建的垃圾焚烧厂离丽江真近啊"的帖子，披露了筹划建设中的番禺垃圾焚烧厂项目信息，尽管个别业主在回帖中对项目风险表示了担忧，并贴出了垃圾焚烧可能带来的"二噁英"污染问题的相关资料，但由于论帖中并未具体说明项目位置，更多跟帖业主

---

① 陶达等：《番禺火烧岗垃圾场"除臭"》，2008 年 10 月 28 日，《南方日报》（http://news.sina.com.cn/c/2008 - 10 - 28/014114637702s.shtml）。

② 陈淑仪：《番禺垃圾焚烧电厂还需再等 3 年》，2008 年 10 月 24 日，《南方都市报》（http://epaper.oeeee.com/G/html/2008 - 10/24/content_ 608124.htm）。

③ "江外江论坛"是番禺丽江花园业主捐钱自建的一个业主论坛。丽江花园小区占地面积近百万平方米，规划居住人口 4 万多，2002 年开盘，2003 年业主开始入住，到 2009 年反建事件发生时已经形成了相对成熟的业主社区，"江外江论坛"一直以来都是小区业主们讨论公共事务的一个重要平台，也是此次此事中最早发起居民反建行动的地方，并逐渐成为事件参与者们对话、交流与沟通的一个主要网络阵地，事件中被媒体视为代表性人物的"巴索风云"、"樱桃白"等均是该论坛的"活跃分子"。

表现为疑惑与观望态度。① 紧接着，2月8日，业主"Cabbage"发帖询问番禺垃圾焚烧厂的具体位置及影响，但响应者寥寥。② 与六里屯反建事件中引发诸多业主共同关注的记录填埋场臭气问题的发帖相比，直观体验到的污染问题显然比抽象理论阐释的污染风险更易于引人关注，而项目选址表述的模糊性则更是加大了相关信息的不确定性，降低了业主的关注度。

二　"垃圾焚烧"话题的"消失"与"重启"

此后的几个月里，"垃圾焚烧"一事在江外江论坛上成了"消失的话题"。2009年3月到8月这长达半年的时间里，论坛上都几乎无人提及此事。直到2009年9月，随着焚烧厂相关招标信息的发布以及央视对在京召开的第28届世界二噁英大会的系列报道的播出，番禺垃圾焚烧厂的话题再度进入业主关注视野当中。

9月12日，有业主在论坛上转载了《广州市番禺区生活垃圾焚烧发电厂工程监理招标公告》，招标内容为"广州市番禺区生活垃圾焚烧发电厂的施工准备期、施工期、竣工结算期、缺陷责任期全过程监理服务等相关工作及现场封场施工监理工作"。③ 第二天，便有业主将央视《经济半小时》栏目有关世界二噁英大会的专题报道的文字实录发布在了论坛上。④ 这些发帖在短短几天时间内，点击量都突破了千余次，累积回帖量也过百。回帖中，尽管业主们对垃圾焚烧厂的反对情绪变得更为坚定，但却又多不知道从何下手有效表达抗议，找媒体、找业主委员会、"散步"、集体抗议……出主意的很多，但类似六里屯居民那样召集业主开会，商量行动计划的没有。

---

① Dobby99：《正在筹建的垃圾焚烧厂离丽江真近啊》，2009年1月1日，江外江论坛（http：//www.rg - gd.net/forum.php? mod = viewthread&tid = 146489&extra = page% 3D1&page = 1）。截至笔者2010年3月20日查看时为止，该帖回帖量仅27个。

② Cabbage：《生活垃圾焚烧发电厂》，2009年2月18日，江外江论坛（http：//www.rg - gd.net/forum.php? mod = viewthread&tid = 149422&highlight = % B7% D9% C9% D5）。

③ Rainyday：《大石生活垃圾焚烧发电厂开始监理招标了》，2009年9月12日，江外江论坛（http：//www.rg - gd.net/forum.php? mod = viewthread&tid = 168909&highlight = % B7% D9% C9% D5）。

④ 清梦无尘：《垃圾烧出一级致癌物，国外学者告诫中国人不要推广垃圾焚烧》，2009年9月13日，江外江论坛（http：//www.rg - gd.net/forum.php? mod = viewthread&tid = 169013&extra = &highlight = % B7% D9% C9% D5&page = 1）。

　　尽管此时业主们的反对基本停留在口头或文字议论阶段，但原本含糊不清的风险信息现在不仅随着项目开工在即和央视相关专题报道的传播而变得逐渐清晰，而且有了时间上的紧迫性。

　　很快，供职于媒体的一位业主将此消息反馈给了报社。由于此项目周边楼盘林立，人口众多，项目影响面广，关注人群多，报社认为此议题"关乎公共利益"，在获取新闻线索的当天便立马派出记者对此事进行了详细的采访报道，用两个整版的篇幅进行报道。① （见下图）

　　报道以图片形式形象地说明了项目选址距离周边楼盘的距离，其中距离丽江花园的距离为3公里，其他距离较近的大型楼盘还包括南国奥园（2公里）、祈福新邨（3公里）、华南碧桂园（6公里）等。不仅如此，报道还对项目决策程序中存在的漏洞进行了质疑，披露该项目虽尚未通过环评却已基本完成征地，并计划10月开工。② 同日，广州日报也发布了"番禺垃圾焚烧厂近日环评"的消息，报道援引广州市市容环卫局局长吕志毅的话表示番禺垃圾焚烧厂近日将进行环评公示，一旦通过将立即开

---

　　① 华中师范大学陈科老师和南京大学袁光锋老师2009年11月24日对广州媒体记者的访谈。

　　② 阮剑华等：《番禺建垃圾焚烧厂　30万业主急红眼》，《新快报》，2009年9月24日A04—05版。

工，预计在明年建成。①

新快报报道刊出当日就引起了多个小区业主的强烈关注，江外江论坛上业主转发的此报道在国庆前后点击量就突破了 1 万次。此后，论坛上有关垃圾焚烧的讨论变得异常活跃，既有建议诉诸体制外方式进行表达的，如联合各小区拉条幅表达抗议、效仿厦门市民穿印有反建口号的 T 恤衫"散步"；也有建议大家理性对待，通过体制内渠道反映的，如通过政协委员提案、通过国家环保部网站进行投诉、通过网络投票表达意见等等。

第二天，南方都市报广州读本亦以整版篇幅对此事进行了跟进报道，报道引述了项目周边多个业主小区业主论坛上的业主对项目的反对意见，同时也传达了政府对此事作出的一些回应，相关政府机构官员从番禺垃圾处理的现状、问题以及项目选址的科学性、程序的合法性以及技术的先进性等层面论述了该项目建设的合理合法性。但报道最后通过"相关新闻"的方式链接了"李坑垃圾焚烧二厂曾遭环保总局否决"的消息，消息中透露，业已投入运行 5 年多的李坑垃圾焚烧一厂与番禺垃圾焚烧厂为同一建设方，据该厂周边居民反映，垃圾焚烧不仅产生大量非常难闻的异味气体，还导致了粮食减产，与他们当时受邀前去参观的澳门垃圾焚烧厂没有可比性，"完全是出乎我们最初的憧憬"。借助"用事实说话"的新闻报道手法，媒体通过这段新闻链接，表示了对官方话语中"高于欧盟标准"的先进垃圾焚烧技术的质疑②。同日，广东新闻频道、珠江频道等电视媒体也均对此议题进行了报道。

多家媒体就此问题接连推出的重磅报道快速聚集了项目周边小区业主们的注意力，各大业主论坛上对此议题的讨论也逐渐进入一个白热化阶段③，而事件的核心网络阵地"江外江论坛"也在 2009 年 10 月 16 日开

① 赖伟行：《番禺垃圾焚烧厂近日环评》，2009 年 9 月 24 日，《广州日报》（http：//news. sina. com. cn/o/2009 - 09 - 24/040516347647s. shtml）。

② 祝勇等：《二噁英阴影笼罩 居民心结难解》，2009 年 9 月 25 日，《南方都市报》（ht-tp：//gcontent. oeeee. com/0/51/05128e44e27c36bd/Blog/30f/5933b3. html）。

③ 笔者在江外江论坛上以"焚烧"为关键进行检索后发现，自 2009 年 1 月 1 日有业主首次发帖关注到该项目开始，此后 8 个月里只有 3 则论帖论及此项目，9 月份项目招标公告发出后陆续开始有业主关注该项目，但在媒体介入报道前的 1—23 日，总共仅有 4 则论帖论及此事，而 9 月 24 日新快报重磅报道此事后，相关论帖数量明显增加，仅 24—30 日一周时间里相关论帖量就近 30 则，且各论帖的点击量和回复率都较此前有明显增多，表现出业主们对该议题关注的显著上升。

出了"垃圾焚烧发电厂专版"①，方便大家讨论。换言之，媒体关注在整个事件的舆论发动上发挥了重要作用，正是报道对政府相关决策的准确质疑与监督使得该决策被"问题化"，迅速重启了周边小区业主对该议题的关注。

第二节　媒体"动员"：政府决策的问题化

一　曝光政府"偷步"行为

依照法律规定的相关决策程序，垃圾焚烧厂项目的建设大抵需要经过立项审批、征地审批、环评审批三个大环节。而事实上南方日报早在2006年3月就曾披露番禺区将规划建设一个日处理量达1000吨的垃圾焚烧发电厂，已经立项等待审批。当年8月，广州市规划局就已下发了番禺区生活垃圾综合处理厂的选址意见书，批准了番禺区生活垃圾综合处理厂选址为番禺大石会江村与钟村镇谢村。按规定，建设单位必须在一年有效期内领取建设项目用地预审报告。但是该项目的土地审批预审报告却是在2009年4月1日才获得，这已远远超过了一年有效期范围，也就意味着之前的选址意见书在此时已经失效。然而就是在这种情况下，2009年2月，广州市政府发出了《关于番禺区生活垃圾焚烧发电厂项目工程建设的通告》，要求工程建设范围内的单位和个人，不得阻挠建设工程的测量、钻探、施工以及征地拆迁工作，否则将受到相应法律法规的处罚。②番禺区长在接受央视新闻调查栏目记者采访时亦承认项目在程序上存在缺陷，但不是一个不可完善的问题，可以重新申请。业主则认为政府此种行

---

① 随着议题讨论的逐步深入，该版后更名为"垃圾焚烧与环保"，从讨论版的名字也可看出议题取向的变化。

② 该部分资料参见下列媒体报道：《番禺拟建垃圾焚烧发电厂》，2006年3月2日，《南方都市报》（http：//gz. house. sina. com. cn/news/2006 – 03 – 02/2253656. html）。《广州番禺区建垃圾焚烧发电厂遭周围居民反对》，2009年11月22日，中央电视台新闻调查（http：//news. sina. com. cn/c/sd/2009 – 11 – 22/133019103017. shtml），王白石等：《垃圾焚烧发电厂年内大石开建》，2007年3月28日，《新快报》（http：//news. qq. com/a/20070328/001718. htm），张玉琴：《番禺明年将建成垃圾焚烧发电厂》，2009年2月13日，《信息时报》（http：//news. hexun. com/2009 – 02 – 13/114385930. html）。

为属于"偷步行为"①，是不诚信的表现。

二 披露决策背后的权力腐败现象

番禺垃圾焚烧厂事件进程中，媒体的高度关注，使得政府在该项目上的一举一动都被置于公众的监督之下，一些官员回应媒体质疑时居高临下的强势表态也就成为反对声高涨的公众批判矛头的指向。

在2009年11月23日政府再次就该项目所引起的广泛争议而召开的新闻通报会上，广州市政府副秘书长吕志毅则强调推行垃圾焚烧发电"坚定不移"，而且不仅番禺要建，从化、增城、花都也都要建。而在此之前，该官员接受央视记者采访时在垃圾焚烧问题上所表现出的立场也同样十分坚定而强硬，当记者问及官员对项目对当地居民可能造成的风险时，该官员表示"只要是用的是先进的炉排和烟气管理技术，欧盟（排放）标准之内是没有任何风险"②，在回答记者对于项目程序问题的质疑时，该官员在镜头前的表态同样显得颇为傲慢，态度强硬，认为政府在该项目决策过程中的程序是没有问题的，"这个程序是这样走的，这个没有错的，程序就这样走"③。因其在番禺垃圾焚烧厂项目上的多次强硬表态，网友对其冠以了"吕硬硬"的称号。

南方都市报在对政府新闻通报会的会议内容进行报道的同时则质疑了垃圾焚烧发电厂背后的巨大利润问题④。随后便有网友在其新浪的微博上曝出了广州市副秘书长吕志毅弟弟吕志平是垃圾焚烧控股公司广日集团物流公司总经理，而其大学刚毕业的儿子则是垃圾焚烧投资商广州环投公司采购部的经理的消息。当新快报记者通过电话采访方式向官员本人求证时，却被告知网上消息是"胡说八道"，并以"以后再说"为由结束了记

---

① 广东方言，指的是不合规范的抢跑行为，在此处被业主用来比喻政府手续未齐备前就已经开始着手推进下一步的工作。这也就意味着，程序在很多情况下仅仅是用来表明政府决策合法性的摆设，并不一定具有实际的规范意义。这种现象在北京六里屯垃圾焚烧厂事件中同样存在，在当地居民观点中如果政府想让项目的各项程序都合法，可以通过各种手段"让它合法"。

② 冯宙锋：《广州：推行垃圾焚烧发电坚定不移》，《南方都市报》，2009年11月23日 AA01版。

③ 《广州番禺区建垃圾焚烧发电厂遭周围居民反对》，2009年11月22日，中央电视台新闻调查（http://news.sina.com.cn/c/sd/2009-11-22/133019103017.shtml）。

④ 林劲松、李润荣：《建垃圾焚烧发电厂利润巨大》，《南方都市报》，2009年11月23日 GA04版。

者的采访①。但就在官员出来辟谣之后，被怀疑为吕志毅弟弟的吕志平的名字却从广日集团的一则活动通知上一夜蒸发，更是加剧了网络舆论的关注度②。紧接着，又有市民向媒体报料称，广日集团送了两辆车给原广州市市容环卫局的领导使用，虽然"官员借车"一事经媒体曝光后，广州市市容环卫局迅速作出反应，将车辆归还广日集团，并要求相关人员向党委说明情况并写出书面报告③。但处于舆论风口浪尖的核心人物吕志毅此后却未对媒体和公众的质疑与批评做出任何公开回应。而江外江论坛上一则"到广东省纪委举报吕志毅，至今无下文!!"的帖子已经成为该论坛点击率和回复率最高的一个帖子④，显示出论坛网友对腐败现象的广泛关注。而这些被逐层揭示出的政府决策背后的利益问题则更强化了居民对项目的反对呼声。

三　呼吁决策民主

如果说对政府决策程序过程中的"偷步"行为和权力腐败行为的揭露是通过唤醒公众的"不公正"感从而起到行动动员的效果的话，那么对决策民主重要性的强调实际上是通过对行动者"公民身份"与"公民权利"的强调来引导公众采取理性行动改变这种不公正决策。

实际上，新快报、南方都市报等媒体2009年9月24、25日对番禺垃圾焚烧厂的集中报道过后，恰逢国庆长假，媒体对此事的报道暂且被搁置。国庆过后，政府部门并未对此事再进行回应，媒体也很难寻找到新的报道点。在此期间，番禺各小区居民开始通过征集小区业主签名的方式在小区内广泛宣传垃圾焚烧项目的危害，号召大家联合反对此项目。活动体现出的强烈民意成为媒体报道的新的切入点。

2009年10月14日，新快报邀请了广东省政府参事、广东省政协委

---

① 《吕志毅：与垃圾焚烧利益集团没有关联》，2009年12月2日，《新快报》（http://gd. news. sina. com. cn/news/2009/12/02/740261. html）。

② 《网页上"吕志平"一夜消失》，《新快报》，2009年12月3日A03版。

③ 《三辆汽车还给广日集团　广州市城管委就原市市容环卫局借用工作车辆作出回应》，《南方都市报》，2009年12月5日AA04版。

④ Lvxiangml：《到广东省纪委举报吕志毅，至今无下文!!》，2009年12月7日，江外江论坛（http://www. rg - gd. net/viewthread. php? tid = 179923&extra = &highlight = % BE% D9% B1% A8&page = 1），截至2013年8月5日，该贴点击率近18万次，回帖数近2000个。

员和广州市社科院的研究员就番禺垃圾焚烧项目进行讨论，强调对于该项目的争议不能只由官方说了算①。2009 年 10 月 25 日，南方都市报发表社论《番禺垃圾发电厂环评要民主公开》，强调科学、民主的环评是政府信息公开的应有之义，主张政府与公众在合作框架内寻找妥善的解决之道②。2009 年 10 月 29 日新快报发表本报评论员文章，指出政府试图通过对垃圾焚烧项目通过强调垃圾焚烧的安全和风险的可控来为自己的决策进行"合法性辩护"无法说服居民，必须考虑承受风险一方的权利③。2009年 10 月 31 日，该报再度发表评论，指出政府从一开始就没有以"程序正义"和"道德正当"来约束自己权力的形式，导致了信任危机的产生，造成了公共资源的浪费，在此情况下，改变以往拒绝民众参与并约束权力"我行我素"的习惯至关重要④。

　　媒体对公权力的主动监督不仅给政府制造了强大的外部压力，迫使政府对公众参与的呼声予以回应，同时，对于番禺居民而言，媒体对人大、政协、学者资源的调动不仅大大节省了公众对外部资源进行动员所需支付的时间成本，同时也为他们的进一步参与赋予了合法性。可以说，媒体作为我国转型期公众参与的重要动员力量，在番禺居民反建垃圾焚烧厂的个案中表现出突出作用，这也是促使番禺垃圾焚烧厂事件相较于六里屯垃圾焚烧厂事件在更短时间内引发社会广泛关注的重要原因。

第三节　业主行动：内外资源的有效动员

一　揭示决策风险 结构共同利益

　　对于缺乏体制内权力资源而又试图与主导这种权力资源的政府机构相抗衡的业主们而言，有效动员周边业主参与到行动中，才能保证他们行动的声势和有效性。给参与者一个理由，是动员集体性行动成为可能的必要

---

　　①　石勇：《番禺垃圾发电厂争议不能只由官方说了算》，《新快报》，2009 年 10 月 14 日A02 版。

　　②　社论：《番禺垃圾发电厂环评要民主公开》，《南方都市报》，2009 年 10 月 25 日AA02 版。

　　③　《明确风险预期，消除番禺居民担忧》，《新快报》，2009 年 10 月 29 日 A02 版。

　　④　《权力霸道令公共决策骑虎难下》，《新快报》，2009 年 10 月 30 日 A02 版。

前提，这种理由的话语表达越是能体现业主之间的共同利益所在，他们积极参与的可能性也就越大。

虽然不同于六里屯受访者一致强调的"臭气是对他们最好的动员"，番禺居民所面对的是高度抽象而又缺乏可经验性的二噁英风险；但是，也不同于入住率尚低的六里屯案例中的中海枫涟和百旺茉莉园小区，广州番禺华南板块是伴随广州城市南扩而发展起来的新兴板块，被称为广州人的后花园。尤其是 1999 年广州华南快速干线的开通，使番禺与广州市区相连，吸引了一大批广州人到此置业，成就了锦绣香江、祁福新邨、星河湾、丽江花园、碧桂园等一大批新老楼盘。为数众多的媒体从业者都居住于此，其中不乏媒体的高层管理者①。

2009 年 9 月 24 日，新快报重磅报道推出当天，业主阿雅新就在江外江论坛发表了一则题为《反对番禺垃圾焚烧厂，请大家用行动表示》的帖子，号召大家到广州环保网留言表达对番禺垃圾焚烧项目的反对意见。短短 5 天时间，帖子点击量就超过 2000 次，跟帖过百条。跟帖内容中除了对发帖者倡议的响应与支持外，还包括大量的业主通过网络搜索获得的与垃圾焚烧、二噁英有关的环境风险的资料以及对进一步采取行动的诸多建议。②

2009 年 9 月 29 日，有业主通过论坛发帖召集了一些相识的业主在丽江花园内某楼盘的 206 房间开反对垃圾焚烧厂的会议，帖子内容十分隐晦，只说是"看片会"，并未公开具体讨论的主题。当天到场的十几名业主中有退休人员、经商者，也有媒体从业者，会议持续了 1 个多小时，但大家像无头苍蝇一样，只是干着急，却不知道具体该如何是好。③ 10 月 3 日，有业主在论坛上挂出了番禺生活垃圾焚烧发电厂起诉书，打算以项目立项、招标和征地等环节存在程序违法问题起诉广州市番禺区市政园林管

---

①　笔者 2010 年 2 月 17 日对广州番禺居民网络访谈的资料。

②　阿雅新：《反对番禺垃圾焚烧厂，请大家用行动表示》，2009 年 9 月 24 日，江外江论坛（http：//www. rg‑gd. net/viewthread. php？tid＝170447）。

③　帖子内容及相关报道见：206 的阿美：《今晚 206 看片会的注意事项》，2009 年 9 月 29 日，江外江论坛（http：//www. rg‑gd. net/viewthread. php？tid＝171160&highlight＝％ BF％ 4％ C6％ AC％ BB％ E1）。刘刚，周华蕾：《广州："散步"，以环保之名》，2009 年 11 月 30 日，《中国新闻周刊》总第 446 期。

理局和广州市人民政府，但很快有人回帖表示"法院可能不会受理"①，而当他最终还是把这份起诉书拿到广州某大型律师事务所时"却没有人敢接"②。不久，该业主又组建了一个番禺垃圾焚烧发电厂的对策群，邀请关注该项目的业主积极参与，共商对策③，200 个名额的 QQ 群很快被番禺各楼盘加入的业主塞满，一些网友不得不再建新群。

很快，一份题为"坚决反对番禺大石垃圾焚烧发电厂 30 万业主生命健康不是'儿戏'"的倡议书通过论坛、QQ 群等方式迅速传播开来，倡议书详细阐述了番禺垃圾焚烧厂给番禺居民可能带来的生命、健康、财产的威胁，并列举了国外关停垃圾焚烧厂的诸多例证，同时也阐述了 2006 年采用国际先进垃圾焚烧技术建成的李坑垃圾焚烧厂运转 3 年来仍"臭死人"，村民不敢开窗且多次抗议无效的事实，并以北京六里屯居民成功迫使六里屯垃圾焚烧厂缓建的案例来鼓舞番禺居民为自己的合法权益而抗争④。

论坛上这一系列传播与表达的核心诉求都围绕项目环境风险展开，通过摆出其他垃圾焚烧厂造成的可见污染与危害、异地居民反建垃圾焚烧厂的成功个案以及普及垃圾焚烧相关风险知识等，"反对番禺垃圾焚烧项目是维护大家共同的环境权益"这一共同利益诉求基本得到确立。

二　展开资源动员

（一）内部资源动员：签名、晒车贴和行为艺术

不同于单一小区以房地产商为博弈对象的小区业主维权行动的内部资源动员，对业主维权而言，只有小区业主才是利益相关者，最大限度动员业主资源是他们内部资源动员的主要方式（孟伟，2006）。而对于垃圾焚烧所引发的风险而言，与之利益相关的不仅仅是项目周边的业主，还包括更广泛区域内的其他市民，如果能够使更多市民认识到垃圾焚烧项目的风

---

①　Kingbird：《番禺生活垃圾焚烧发电厂起诉书》，2009 年 10 月 3 日，江外江论坛（http：//www. rg – gd. net/viewthread. php？tid = 171515&highlight = %2Bkingbirdogd）。

②　许晓蕾：《华南环科所热线被打爆了》，《南方都市报》，2009 年 11 月 5 日 GA05 版。

③　Kingbird：《番禺垃圾焚烧发电厂对策群已经建立》，2009 年 10 月 12 日，江外江论坛（http：//www. rg – gd. net/viewthread. php？tid = 172232&extra = page%3D136&page = 1）。

④　Kingbird：《关于垃圾焚烧厂统一的倡议书》，2009 年 10 月 17 日，江外江论坛（http：//www. rg – gd. net/viewthread. php？tid = 172753&highlight = %2Bkingbirdogd）。

险并参与到他们的行动中去，那么无疑将扩大他们的成员基础，对政府构成更大的舆论压力。

　　与北京六里屯案例相似，业主对内部资源的动员同样采取了签名的方式。2009 年 10 月底，海龙湾、广州碧桂园等小区业主首先开始组织起小区签名活动，而这些活动通过论坛发帖的方式影响到了周边其他小区。2009 年 10 月 27 日新快报报道了番禺区市政园林局将于周五（10 月 30 日）对垃圾焚烧厂进行环评公示的消息①。尽管在此之前，居民代表已经向相关政府部门提交了"反对兴建垃圾焚烧发电厂"的意见书，大家对通报会也寄予了厚望，希望通报会能对项目程序是否合法、选址是否合理等决策过程等予以公开，但当天的通报会却没有邀请居民代表参加。10 月 28 日，有业主在论坛上发帖召集业主进行"签名运动"，帖子中表示"周五会有新闻会，环评也是周五公示，如不理想，周六下午 3 点醉心湖签名运动"②，而 10 月 30 日的情况通报会上专家一致支持垃圾焚烧的言论以及随后被网友揭出的会上部分专家与垃圾焚烧或存在利益关联等信息令番禺居民对当天的通报十分不满。10 月 31 日，一场"反对垃圾焚烧，保护绿色家园"的签名活动如期举行，除了丽江花园小区外，海龙湾、祈福新邨等几个小区也加入了此次签名活动，到周日已有超过 1 万名业主签名表示反对。③ 大规模的签名行动无疑为媒体提供了新的新闻价值点，2009 年 11 月 3 日，新快报以《万人签名反对焚烧厂　建议垃圾分类》为题对活动进行了报道，报道除了关注业主们反对番禺建垃圾焚烧厂所采取的多元意见表达方式外，更将重点落在了参与活动的业主以及环保 NGO 自然之友成员们对垃圾处理提出的意见和建议上，倡导从源头进行垃圾分类，减少混合焚烧产生的剧毒气体④。

　　显然，对于缺乏体制内权力资源的普通居民来说，征集签名，并在此

---

　　① 《广州肯定依法推进垃圾焚烧项目》，《新快报》，2009 年 10 月 27 日 A05 版。

　　② 巴索风云：《周五有新闻会，环评也是周五公示，如不理想，周六下午 3 点醉心湖签名运动》，2009 年 10 月 28 日，江外江论坛（http：//www. rg － gd. net/viewthread. php？tid = 173965&highlight = % C7% A9% C3% FB）。

　　③ 大乌鸦：《环保宣传及签名活动通知（今天下午 3 点）》，2009 年 10 月 31 日，江外江论坛（http：//www. rg － gd. net/viewthread. php？tid =174452&highlight = % C7% A9% C3% FB）。

　　④ 王娟，阮剑华：《万人签名反对焚烧厂 建议垃圾分类》，《新快报》，2009 年 11 月 3 日 A22 版。

过程中宣传垃圾焚烧危害，既是对内部资源进行有效动员的动员手段，同时也是聚集民意，舆论造势，吸引媒体持续关注，不断扩大事件影响，以对政府决策者形成外在压力的表达方式。但是，签名所动员的毕竟更多只是受垃圾焚烧厂影响的番禺业主或周边居民，而对更广泛区域内市民资源的动员，番禺居民采取了晒车贴和以行为艺术方式进行展示的宣传手段。

2009 年 10 月 21 日，有业主在江外江论坛发帖号召自发的口罩行为艺术表演，表演主题定为"拒绝毒气 保卫家园"，并请大家在口罩上写下"拒绝毒气"①。10 月 25 日当天，几十位居民自发参加了当天在小区附近一个大型超市门口的表达活动，有的居民还打出了"反对焚烧"、"反对二噁英"的横幅。紧接着，又有业主在网上发起了"晒车贴"的活动②，召集此前买了车贴的业主在 11 月 1 日（周日）上午将车子开到小区附近某人流相对聚集区的停车场内，以便向过往人群集中展示并发挥宣传作用，发帖者在帖子开头就对自己所召集的活动进行了明确定性："我们要合法地发出我们理智的声音，支持建设和谐社会，建设美好番禺！"，并要求大家"尽量听从保安指挥，以不影响道路交通，不影响行人为原则。把车停好后各自到其他地方溜达，不聚在一起影响他人，不大声喧哗，不对他人说任何过激的话，该回家就回家，该吃饭就吃饭。"③ 尽管从通知来看，业主已经先进行了自主控制，将行动方式限定在理性表达的范畴之内以最大限度降低行动风险，但最后的结果仍然出人意料。活动当天凌晨，发起者发帖以"实地考察后发现道路过窄不适合停车"为由取消了

---

① Kingbin：《有关"口罩行为艺术表演"》，2009 年 10 月 21 日，江外江论坛（http：//www. rg - gd. net/viewthread. php？tid = 173153&extra = page% 3D3% 26amp% 3Bfilter% 3Dtype% 26amp% 3Btypeid% 3D14）。

② 实际上，贴车贴的宣传方式在北京六里屯垃圾焚烧厂案例中也有业主提议过，当时六里屯居民还只是提议以非常隐晦的方式在车尾贴上不打眼的"拒绝二噁英"或是"反对垃圾焚烧"字样的车贴，但最终还是被其他业主以担心上路后被交警拦为由否定了。广州番禺居民最初设计的车贴的口号为"反对垃圾焚烧 保护绿色番禺"，后在业主建议下改为"反对垃圾焚烧 保护绿色广州"，以广州取代番禺，其目的实际上在于引起更多人对垃圾焚烧议题的关注，扩大风险认同人群的范围。截至业主组织此次活动前，该车贴在丽江、海龙湾、广碧等几个小区车主中发放超过 200 条。

③ Epccben：《11 月 1 日周日上午 10：30 渔人码头晒车大会（请买了环保车贴贴在车后的车主都来）》，2009 年 10 月 28 日，江外江论坛（http：//www. rg - gd. net/viewthread. php？tid = 174094&highlight = % B3% B5% CC% F9）。

活动。紧接着便有人跟帖爆出了活动取消的原因，是因为活动发起者被警方"请喝茶"的缘故①。第二天南方都市报也对此事进行了详细报道，报道称多位业主深夜被警方传唤的理由是"涉嫌组织煽动非法集会"②。

集体表达抗议的活动"胎死腹中"，未能成行，有业主以个体行动的方式展开了宣传。2009 年 11 月 8 日，番禺业主"樱桃白"头戴防毒面具，身穿写有"反对垃圾焚烧"的环保 T 恤，手持"反对垃圾焚烧，保护绿色广州"的车贴，在广州地铁三号线内宣传起了垃圾焚烧的危害，并将行动过程的图片和详细描述行动经过的文字一并发在了江外江的业主论坛和她个人的博客，截至笔者 2009 年 12 月 20 日查看时，此帖点击率已突破了 3 万次③。在该帖后面长达 50 页 700 余条的回帖中，很多业主为樱桃白的勇气感到由衷的钦佩，并主动将该帖内容转载至天涯等各大论坛，以引起更多人的关注。"樱桃白"因此在网络上走红，被网友称为2009 年"史上最牛的环保妹妹"。2009 年 11 月 11 日的新快报对此事件予以了报道，并配发了以"如何有效表达意愿"为主题的话题讨论，邀请了广东省政府参事王则楚对居民的行动予以评论，王参事认为这种行为艺术很常见，但对政策影响不大，市民应更多向有能力改变政策的人、单位表达意愿④。尽管，这种个体行为艺术对决策的影响或许非常有限，但个体这种在公共场合勇敢表达自己环保诉求的做法不仅对其他业主而言是一种精神鼓舞，更因为其行为本身的"反常性"及其所引发的具有"显著性"的网络关注而成为媒体报道对象，维系了媒体对该议题的关注。

当然，如果说把业主对市民资源的动员界定为一种内部资源动员的话，那么上述评论中所建议的"更有能力改变政策的人、单位"则可以被视为一种外部资源。政府机构、人大代表、政协委员、垃圾焚烧领域的重要专家等都属于该范畴。

①　警察请喝茶的意思即被警方传讯问话。
②　许小蕾、邓婧辉：《网帖号召晒车 深夜被传唤》，《南方都市报》，2009 年 11 月 2 日 GA04 版。
③　樱桃白：《今天环保造型游地铁以及在夏滘派出所喝茶的经过》，2009 年 11 月 8 日，江外江论坛（http：//www. rg - gd. net/viewthread. php? tid = 175684&highlight = % BA% C8% B2% E8）。
④　阮剑华、肖萍：《女白领带防毒面具宣传环保 被警察狂追》，《新快报》，2009 年 11 月 11 日 A22 版。

（二）外部资源动员：上访、发邀请函

2009 年 11 月 5 日，广东省省情调查研究中心对规划地周边居民开展的快速抽样问卷调查显示，97.1% 的受访居民不赞成大石垃圾焚烧厂项目①。同日的番禺日报却在头版头条发表文章称“建设垃圾焚烧发电厂是民心工程”，“对目前媒体和社会的各种反响，要正确对待，认真分析，加大正面宣传力度，让市民进一步了解这个项目。”② 就在此言论见报的第二天，原本对该议题一直保持较高关注的广州各大媒体突然集体失声。一些业主敏感地感觉到了这一问题，并开始在论坛上议论纷纷。上文中交代的业主“樱桃白”的“地铁游行”便是在这种背景下选择的一种表达方式。

据广州某媒体记者介绍，其实在整个事件过程中，媒体曾多次收到报道禁令，11 月 6 日是第一次，由于当时公众反对选址的声音非常强烈，广州市委宣传部下达禁令表示，对于垃圾焚烧发电厂相关事宜暂时不要报道，广州市有关方面将发布新闻通稿。③ 11 月 7 日，广州市城管委发布了通稿，通稿从广州市垃圾处理的现实困境、垃圾焚烧技术的安全性以及国家相关政策方面对番禺垃圾焚烧厂项目进行了解释，并对已有的李坑垃圾焚烧厂的运转情况做了说明，称该厂各项运行指标符合规范要求，二噁英等主要污染物指标达到欧盟相关标准，且先后被评为国家重点环境保护使用技术示范工程和广东省市政优良样板工程④。这显然与媒体前期报道和居民自行调查了解到的李坑垃圾焚烧厂的现实状况截然不同，难以令公众信服。

在这些因素刺激下，番禺居民选择了在 2009 年 11 月 23 日这天到广州市城管委上访，因为当天是广州市城管委挂牌后首次开展的属下四部门联合接访，选择政府部门接访日上访对居民而言无疑是通过制度化表达渠

---

① 祝勇等：《周边居民超九成不信不满不赞成 广东省省情调查研究中心〈番禺“生活垃圾焚烧发电厂”规划建设民意调查报告〉出炉，已经呈送给广州市市长张广宁》，《南方都市报》，2009 年 11 月 5 日 GA01 版。当天广东各大报纸对此事均有报道。

② 丁山海：《建设垃圾焚烧发电厂是民心工程》，2009 年 11 月 5 日，《番禺日报》（ht-tp：//pyrb.dayoo.com/html/2009 - 11/05/content_ 755062.htm）。

③ 笔者 2009 年 12 月 25 日对广州媒体记者访谈的资料。

④ 城管委：《广州市城管委通报番禺垃圾焚烧厂及相关情况 李坑垃圾厂国际先进 番禺垃圾厂正在推进》，《南方都市报》，2009 年 11 月 7 日 AA06 版。

道进行表达的合法化行为。为了能够动员更多业主去表达他们的利益诉求，番禺居民通过论坛发帖和派发宣传单的方式进行了行动动员，强调了利益表达的正当性与合法性，并呼吁业主为自己的权益而主动表达，反对"被代表"。当天上午八九点，广州市城管委尚未开门，数百人已经开始排队领取入场信访号，口罩、防毒面具、写有反对垃圾焚烧标语的文化衫、各色标语以及呼吁垃圾分类的宣传牌……上访居民们表达意见的方式可谓各式各样。他们随后又"散步"至广州市政府门前，高喊"尊重宪法"、"要求对话"等口号。事件现场通过推特及时传播到了网上，广州电视台、路透社、香港大公报、香港有线电视台等各大媒体亦对事件进行了报道①。当天，广州市副市长再度对媒体公开表态，若环评不过关，大多数市民反对，该项目不会动工②。

2009 年 12 月 10 日，番禺区政府发布了《创建番禺垃圾处理文明区工作方案（讨论意见稿）》，方案提出将分大讨论大宣传、垃圾分类减排、选址及建设和科学监管四个阶段突进垃圾处理工作，每个阶段都将开展代表座谈会或新闻通报，向社会通报③。番禺业主"巴索风云"很快在江外江论坛上发出一封"给楼区长，谭书记的邀请函"，邀请相关官员及专家每周末亲临各个小区公共场所举行的"垃圾分类和分类后无害化处理"的现场讨论会，以便小区居民能有机会表达自己意见，讨论垃圾分类制度、政策及垃圾资源循环利用方法。除在业主论坛上公开发表外，他还将邀请函亲自送到了番禺区信访办和区政府收发室。④

第二天出版的南方都市报对此事进行了报道，并全文刊载了邀请函内

① 当天市民抗议过程详见：《新闻背后的真实，广州市民抗议垃圾焚烧项目推特直播实录》，2009 年 11 月 24 日，和讯博客（http://huangxiuli.blog.hexun.com/40915762_d.html）。

② 张惠斌：《广州市常务副市长苏泽群：若环评不过关、大多数市民反对该项目不会动工番禺近 300 名居民到市城管委、信访局上访；因未选派代表，苏泽群等待三小时双方对话未果》，《南方都市报》，2009 年 11 月 24 日 AA06 版。

③ 许晓蕾、林劲松：《番禺垃圾厂选址及处理方式全部回锅讨论》，《南方都市报》，2009 年 12 月 11 日 AA10 版。

④ 巴索风云：《给楼区长，谭书记的邀请函，请转发》，2009 年 12 月 15 日，江外江论坛（http://www.rg-gd.net/viewthread.php?tid=180871&highlight=%D1%FB%C7%EB%BA%AF）。

容①；随后，南方都市报记者又跟进采访了番禺区委书记谭应华，询问其对邀请函的回应，得到了官员将尽早赴小区与居民座谈的答复。② 然而，就在业主为官员的积极回应而感到欣喜时，却突然在小区内看到通知说受邀参加座谈的仅有"丽江花园本届（第三届）全体居民代表"，而按此标准，连发出邀请函的"巴索风云"亦不在受邀代表之列。这一消息被业主发布在了论坛上后引起许多业主的不满，认为自己"被代表"了，甚至有不少业主认为官员对媒体表示将应邀前来座谈是"作秀"、"根本没有诚意"，"完全就不想和我们老百姓沟通"③。南方都市报对业主论坛上发布出的这些消息都进行了采访和报道，传达了业主对参与座谈，与官员直接对话的意愿，同时发表社论指出，番禺居民用理性沟通的诚意创造了政策与民意和解的机会，"但机会正在被官僚习性所耗费。"④

　　在媒体的积极监督下，当天的座谈会上，包括"巴索风云"在内的十余位在会场外等候的临时代表被番禺区书记亲自请进了会场，他们成了当天提问和发言的主体，而当天在场的其他一些正式代表发言却甚少。也正是在这次座谈会上，政府对番禺区垃圾焚烧厂项目做出了明确表态，称项目已经停止，此前系列招标中标也全部作废，且要敏感范围内75%以上群众同意才能使环评通过⑤。这也意味着番禺居民反对垃圾焚烧厂的行

---

① 许晓蕾、林劲松：《谭书记 一起来"倾倾"垃圾吧》，《南方都市报》，2009 年 12 月 16 日 GA09 版。

② 许晓蕾：《番禺区委书记谭应华："越快越好，尽早推进垃圾分类"》，《南方都市报》，2009 年 12 月 17 日 AA15 版。

③ 樱桃白：《收到邀请函的才能参加谭某见面会》，2009 年 12 月 18 日，江外江论坛（ht-tp：//www. rg – gd. net/viewthread. php？tid = 181304&extra = &highlight = % D1% FB% C7% EB% BA% AF&page = 1. netkingfish）；netkingfish：《闹了大半天还是白欢喜一场，巴索风云下次发邀请函的时候应该先明确地点》，2009 年 12 月 18 日，江外江论坛（http：//www. rg – gd. net/forum. php？mod = viewthread&tid = 181313&highlight = % C4% D6% C1% CB% B4% F3% B0% EB% CC% EC% BB% B9% CA% C7% B0% D7% BB% B6% CF% B2% D2% BB% B3% A1）。

④ 许晓蕾等：《明天9时丽江花园 番禺书记与业主"倾"垃圾 参与者为居民代表，邀请书记者不在此列表示不满》，《南方都市报》，2009 年 12 月 19 日 AA03 版；许晓蕾、邓婧辉：《邀见谭书记 难见谭书记 发起人巴索报名参加垃圾分类座谈再遭拒31 位丽江花园居民代表放弃出席》，《南方都市报》，2009 年 12 月 20 日 AA03 版；社论：《垃圾焚烧决策切勿偷换概念》，《南方都市报》，2009 年 12 月 20 日 AA02 版。

⑤ 钟锐钧：《番禺书记谭应华明确垃圾焚烧厂项目已停昨日会见业主，未取得入场资格的部分业主也受邀进入会场》，《南方都市报》，2009 年 12 月 21 日 AA12 版。

动取得了阶段性的胜利。

座谈后的第二天，广州市政府常务会议通过了《关于重大民生决策公众征询工作的规定》，规定提出对环境保护、劳动就业、社会保障等于广大群众利益密切相关、社会涉及面广、依法需要政府决定的重大决策，都要经过重大民生决策的拟制、审核、公示、审定四个阶段，广泛听取民意，充分调查论证，保障社会公众对政府决策的知情权、参与权、监督权①。这一规定的出台不能不说部分得益于番禺居民反对垃圾焚烧事件的积极推动。

第四节　公众参与：垃圾处理政策的公开辩论

一　一场未能播出的风险辩论

自 2009 年 10 月 30 日番禺区市政园林局就番禺垃圾焚烧厂项目召开的情况通报会上的专家被指与垃圾焚烧存在利益关联后，番禺居民认为政府仅邀请支持垃圾焚烧的专家本身就存在遮蔽风险之意。对于一项关乎数十万人生命健康乃至财产权利的公共政策决策而言，决策风险的真相的揭示无疑是满足公众参与之知情权的基本保障。而通报会后媒体陆续曝光的权力腐败与决策利益链等问题无疑更加强化了公众对政府此项决策的不信任态度。

丽江花园是番禺一个大型楼盘，精英业主聚集，上万户业主中仅文化、艺术及传媒业界的知名人士就至少两三百位。② 这种业主资源优势不仅表现在番禺反建行动资源动员上，也体现在有关垃圾焚烧公共议题讨论的高水平上。从其江外江业主论坛上相关讨论内容来看，业主中有不少有着海外留学背景的人，他们具有较高的英语水平，经常在论坛上转发一些国外对于垃圾焚烧的相关研究资料；还有的是生物工程等领域的专业技术人员，对堆肥、发酵等垃圾处理技术手段有着较为深入的了解。他们自发组织业主搜集、整理各国垃圾处理相关资料，对国内目前

---

① 廖颖谊、鞠杨等：《重大民生决策须征询公众》，《新快报》，2009 年 12 月 22 日 A14 版。

② 叶平生、吴英：《丽江花园业主多才多艺 作家多过一地级市》，2007 年 4 月 18 日，广州日报（http://gd.sohu.com/20070418/n249520667.shtml）。

盲目推广垃圾焚烧技术的风险进行分析，为政府破解"垃圾围城"危机出谋划策。

　　在此背景下，政府试图借助专家话语有意识地遮蔽垃圾焚烧风险，达到说服公众的目的，其实是一件较为困难的事。而对于业主们而言，面对媒体上占据主流话语权的主烧派言论，他们亦希望能通过一次公开的电视辩论来向公众揭示被遮蔽的垃圾焚烧风险真相。在抵制番禺垃圾焚烧厂项目的过程中，参与者们已经认识到，焚烧所带来的环境污染问题不是地域性的，而是大范围的，只有让政府重新调整目前的垃圾处理政策，重视垃圾源头减量和垃圾分类工作，才是保障人民环境健康权益的关键所在。事实上，这种认识与主张在六里屯居民反建取得阶段性成果后也同样得到了体现，在他们后期的反复拜访行动中，"垃圾分类 源头减量"也一直是他们的重要诉求，但如前文中所言，由于受到种种因素限定，这些诉求的外部能见度很低，未能成为全国性的公共话题。而媒体的高度关注、公众对垃圾焚烧议题关注的累积性效应、番禺反建居民自身的内部资源优势等等都为垃圾焚烧风险讨论的扩大化、公开化提供了有力支持。在番禺反建居民践行公众参与的参与诉求中，从更高层次影响政府垃圾处理决策成为一个核心诉求点，这种影响不是仅仅局限于阻止一两个垃圾焚烧项目，而是希望政府能够从垃圾分类、源头减量开始，以更为积极的态度来对待垃圾围城问题。

　　2009 年 12 月 8 日，北京六里屯的一位受访者给笔者留言说周日（12月 12 日）凤凰卫视"一虎一席谈"将会播出一期垃圾焚烧的辩论，请我留意收看。举行一场关于垃圾焚烧风险的公开辩论，其实是六里屯居民早已有之的想法，部分居民还曾特意找到凤凰卫视驻北京的栏目组，给他们送去了六里屯垃圾焚烧厂事件的一些材料，希望他们的"一虎一席谈"能组织一期以垃圾焚烧问题为主题的节目，但始终没有回音。2009 年 10月江苏吴江上万人反对垃圾焚烧厂的群体性事件和广州番禺居民垃圾焚烧厂事件的发生无疑使得原本并不突出的垃圾焚烧问题成为了媒体关注的热点话题。这也就为"一虎一席谈"组织该话题的辩论提供了时机。

　　2009 年 12 月 9 日，节目如期在北京录制。

　　节目录制结束后，不等节目播出，参加录制的部分业主就将辩论的大致经过与感受发在了各小区的业主论坛上，广州碧桂园业主"阿加西"将当天的辩论称为是"我们百姓的胜利，是我们这些天来广大民众维权的一次最强呼声"①，节目现场获得向专家反问机会的番禺业主云游则在江外江论坛发帖表示当天"战况空前激烈"，并请大家等待观看精彩的节目②，而笔者对其进行访谈的过程中，提及当天的辩论场景，他认为如果节目播出，"政府的脸面实际上就会扫地"③。从这些表述中不难感受到参与者们的兴奋之情，也不难想象当天辩论的激烈程度。

但就在大家守着电视准备观看节目时，却被告知节目被"和谐"了④。尽管事后参加节目录制的居民纷纷将自己能回想起来的一些辩论细节发布在了论坛上，但关注业主论坛的公众毕竟是少数，依赖该平台展开的风险辩论所能到达的受众量也始终是有限的，居民们试图通过电视公开辩论来扩大公众对垃圾焚烧风险真相认知的目的显然无法达成。因此，有业主提议由番禺居民自己组织一场公开的有关垃圾焚烧技术的辩论。

二　居民发起的公开辩论

2010 年 1 月 11 日，业主向聂永丰、王维平、徐海云等支持垃圾焚烧技术的专家发出了邀请信⑤，这一消息在新快报第二天的报纸上也被提及⑥。通过电话联系，专家多表示愿意与居民进行辩论，但其中有专家提出了要求组织方负责差旅费用，并要求电视直播，这些条件对缺乏组织的番禺业主而言显然并非易事。加上又临近农历新年，番禺业主方面未能有效组织此次活动。

2010 年 1 月 25 日，徐海云在中国固废网上对番禺居民的邀请信做出

① 阿加西：《一虎一席谈　我们无需专家》，2009 年 12 月 9 日，广碧论坛（http：//www. gzbgy. com/discuz/viewthread. php？tid = 50427&pid = 478790&page = 1&extra = page%3D1）。

② 云游：《PK 结束了，战况空前激烈》，2009 年 12 月 9 日，江外江论坛，（http：//www. rg - gd. net/forum. php？mod = viewthread&tid = 180150&highlight = %D5%BD%BF%F6%BF%D5% C7%B0%BC%A4%C1%D2）。

③ 笔者 2009 年 12 月 18 日对番禺居民访谈的资料。

④ Infinity：《〈一虎一席谈〉已被和谐，那天去的同志如有录音，整理以后发出来吧》，2009 年 12 月 12 日，江外江论坛（http：//www. rg - gd. net/viewthread. php？tid = 180779&highlight = %D2%BB%BB%A2%D2%BB%CF%AF%CC%B8）。

⑤ 云游：《给聂永丰、王维平、徐海云等专家的邀请信》，2010 年 1 月 11 日，江外江论坛（http：//www. rg - gd. net/viewthread. php？tid = 184598&extra = page%3D1）。

⑥ 阮剑华、李佳文：《李坑周边蔬菜全部销往市区》，2010 年 1 月 12 日，《新快报》（ht-tp：//news. sina. com. cn/c/2010 - 01 - 12/014116915163s. shtml）。报道中提及了业主邀请专家进行辩论一事，并称辩论初步定为 1 月 31 日上午和下午两场。

了公开回应，回应再度强调了在当前现实条件下推进垃圾焚烧的必要性①。三天后，广州日报在报纸头版位置全文刊载了这封答复②。对于试图说服公众接受垃圾焚烧的政府而言，专家的这封公开答复无疑再度论证了垃圾焚烧的可行性。

专家的这封公开信被北京、广州等关注垃圾焚烧议题的业主转载至各自的业主论坛后，不少业主对其观点逐条进行了批驳，这种批驳实际上可以被视为通过新媒体进行的风险辩论。在业主们针对此公开信的诸多回复与评论中，最引人关注的是江外江论坛上的"北京市民丙致徐海云先生的公开信"③，此信自 2010 年 2 月 1 日发表在江外江论坛上后，到 3 月 1日，点击量已经突破 2 万，但却始终没有获得与专家答复同等的为传统媒体转载、哪怕只是部分转载的机会。笔者尝试以两封信的标题为关键词进行百度检索，结果《致番禺华南板块居民的公开信》得到 898 个检索结果，而《北京市民丙致徐海云先生的公开信》则仅显示出 12 条检索结果④。虽然同为公开信，但显然，获得传统媒体报道的"公开信"的传播范围要远远高于仅仅通过网络论坛等方式进行传播的"公开信"的传播范围。

三　政府主导下的专家咨询会

2010 年 2 月 23—24 日，广州市主办了一场生活垃圾处理专家咨询会，徐海云是出席的主要专家之一。会后，专家组对外通报的专家咨询意见中，除了 1 位专家认为现有垃圾焚烧技术有风险外，参加会议的其余31 名专家都认为广州宜采用"以焚烧为主、填埋为辅"的生活垃圾处理模式，而这部分内容也成为广州各大媒体报道的核心内容。从媒体公布的专家名单来看，32 名专家中包括了北京、上海、广州、深圳、武汉、郑

---

① 徐海云：《"反动派"既是"纸老虎"也是"真老虎"——致"番禺华南板块居民"》，2009 年 1 月 25 日，中国固废网（http://news. solidwaste. com. cn/k/2010 - 1/20101251018066078. shtml）。

② 《中国城市建设研究院总工程师徐海云就城市生活垃圾处理工作公开致信番禺华南板块居民》，广州日报，2010 年 1 月 28 日 A1 和 A9 版。

③ 北京市民丙：《一个北京市民致徐海云先生的公开信》，2010 年 2 月 1 日，江外江论坛（http：//www. rg - gd. net/viewthread. php? tid = 187719&extra = page% 3D2&page = 1）。

④ 检索日期为 2010 年 4 月 7 日。

州等地高校和科研院所的专家教授，所涉及的专业主要包括技术、环境和经济三个方面。① 会后，专家身份没有受到公众质疑，但会议的过程及结论却遭到了公众的质疑。

媒体相关报道发出当天，江外江论坛就有业主发帖称"绝对真实：专家会议只有广州日报和广州电视台媒体可以参加，其余一律不允许进场"② 而广州日报当天会议的报道内容也受到了业主的质疑，一些业主在与部分与会专家进行了电话沟通之后发现，不少专家实际上是"被代表"了：

"刚才和华工的马晓茜教授电话聊了一个小时。会议上专家们达成的共识是：在垃圾分类的基础上，回收和再利用之后，焚烧和填埋，加强监管。不知道为什么广日新闻里掐头去尾，去精存粗，去掉前提和后缀，变成了，以焚烧为主填埋为辅，加快推进垃圾焚烧。强烈反对专家被代表，要求公开会议录音！"③

同日，参加会议的西南交通大学环境工程与科学学院教授张文阳博士也在自己的博客上就媒体报道中转述的他的部分观点进行澄清，称其中部分表述为广州日报编辑根据自己理解加的，违背他会议上的发言内容，与他本人无关。④

2010年3月1日，咨询会专家组成员赵章元会后在其博客上发表的一篇澄清文章，证实了居民对媒体相关报道的种种质疑——"为了共同探讨我国垃圾处理的最佳办法，我应邀去参加23—24日'广州市生活垃圾处理专家咨询会'。然而出乎预料的是，此次专家会与我多年参加过的所有类型的专家论证会所不同的是怪事连篇、蹊跷多出，令人深思！致使许多民众对媒体公布的'专家意见'提出疑问，议论纷纷。"而赵章元所谓的"怪事连篇，蹊跷多出"中就包括了咨询会对媒体进行限制以及篡

① 蔡庆标：《32位专家献策广州垃圾处理31人主张焚烧》，2010年2月25日，《广州日报》（http：//gd. sohu. com/20100225/n270420236. shtml）。

② 巴索风云：《绝对真实：专家会议只有广州日报和广州电视台媒体可以参加，其余一律不允许进场》，2010年2月2日，江外江论坛（http：//www. rg－gd. net/viewthread. php？ tid＝190218&extra＝page%3D3&page＝1）。

③ 见樱桃白发在"阿加西，专家被代表贴"帖子第4楼的回帖，2010年2月25日，江外江论坛（http：//rg－gd. net/forum. php？ mod＝viewthread&tid＝190196&extra＝page%3D104）。

④ 张文阳：《声明》，2010年2月25日，网易博客（http：//blog. 163. com/steven_wyzhang/blog/static/587142462010125834583 23/）。

改和扭曲专家意见等，如会议在专家组未能达成一致意见的情况下，擅自将所谓的"专家意见"发布给了媒体；而专家核心意见中强调优先考虑的源头减量、垃圾分类等却在媒体报道中变成了"焚烧为主，填埋为辅"。①

当公众和政府双方就垃圾焚烧风险决策难以达成一致意见时，政府邀请垃圾焚烧领域的多位专家参与政策协商，这本是民主决策的重要一环。然而，广州市政府主导下的此次专家咨询会在番禺居民看来，显然不是真正为征询专家意见而开，而是预设主题，为政府上马垃圾焚烧项目设定合理决策依据而开。被代表的媒体和被代表的专家呈现出来的显然只能是被代表的"民意"，难以成为决策民主的有效依据。不仅如此，政府的这些做法同时也令番禺居民对本地政府的公信力再度产生怀疑。

第五节 "围观"效应下的政策转向

一 上书全国人大，扩大议题影响

将这一系列风险辩论过程视为公众、专家、政府三方在垃圾焚烧政策问题上所展开的风险协商则不难发现，这种协商过程并非充分公开、自由的讨论，公众和反对垃圾焚烧的专家的话语表达实际上受着种种因素的限定，政府作为拥有决策权力的强势方，在专家资源、媒介资源的近用上有着天然优势，而普通民众作为决策风险的直接承担者，试图有效影响决策，则必须灵活运用各种表达和参与渠道，以对决策者构成决策压力。在我国公众参与常规制度建设尚不健全的境况下，借助新媒体平台建构的风险信息共享、交流、对话与协商平台显得尤为重要，通过这一平台，政府迟滞的垃圾处理政策成为垃圾围城危机下被"问题化"的内容，而公众反对垃圾焚烧，倡导垃圾分类的政策诉求则被成功建构为一种显见的理性共识。

在番禺居民持续反对政府垃圾焚烧政策的同时，北京多地居民反建垃圾焚烧厂的事件也在持续进行中，而在期间发生的多起垃圾焚烧厂引发的

---

① 赵章元：《澄清！》，2010年3月1日，搜狐博客（http://zhaozhangyuan.blog.sohu.com/145097621.html）。

冲突事件（包括 2009 年 10 月江苏平望上万村民为抵制当地即将启用的一
垃圾焚烧厂项目的集体冲突事件，2009 年 12 月广州李坑村民静坐抵制李
坑垃圾焚烧二厂事件，2010 年 1 月广州李坑垃圾焚烧厂爆炸事件等）也
使得垃圾焚烧风险议题成为一个全国性的公共议题，吸引着媒体的关注，
建构出一种"全世界都在看"的舆论氛围。

在此背景下，番禺居民反对垃圾焚烧政策的公共诉求也有了新的表达
行动。他们一方面继续通过体制内信访渠道，向广州市政管委等机构投递
意见书、建议书，尝试就垃圾分类、垃圾焚烧风险议题进行沟通；另一方
面，2010 年 3 月 1 日，全国两会召开前夕，番禺多位业主以《凝聚共识，
完善制度 以国家意志引领垃圾处理事业向正确方向健康发展》为题目撰
写了一封"致全国人大的公开信"，并在征集到大量番禺居民的签名后，
通过邮寄投递、网络转载、电子邮件等方式进行扩散传播。这封长达万余
字的公开信从垃圾焚烧的环境、社会、政治和经济风险四个方面详细阐述
了垃圾焚烧政策的风险，呼吁中央政府能够以国家意志引领垃圾处理事业
的发展[①]。

居民们的这些行动也引起了媒体、人大代表、政协委员的关注。2010
年 3 月全国两会报道中，凤凰网、腾讯网都设置了垃圾焚烧议题的专题讨
论，而与会的不少人大代表、政协委员也围绕垃圾焚烧、垃圾处理问题提
交了提案或议案。2010 年 3 月 6 日，央视新闻周刊的两会特别节目《民
生关注》重点关注了近年来我国公众参政议政的问题，其中就提及了番
禺居民就垃圾处理问题致全国人大的公开信，并将其视为公众参政议政新
形式的良好开端。

二　强化亲身参与，推动政策议程

2010 年全国两会前夕，主要由政府官员和垃圾处理专家组成的北京
市市政管理委员会赴日垃圾处理技术考察团回国，他们的考察行程受到媒
体高度关注的一个重要原因在于，考察团中还包括了唯一一位市民代

---

① 公开信全文见：巴索风云：《致全国人大的公开信：以国家意志引领垃圾处理事业向正
确方向健康发展（新编辑版）》，2010 年 3 月 1 日，江外江论坛（http：//www. rg - gd. net/forum.
php？ mod = viewthread&tid = 190800&extra = page%3D1）。

表——民间反烧派代表人物、北京阿苏卫业主"驴屎蛋"①。此举展现出政府和公众在垃圾处理问题上形成的一种共识，即垃圾问题不仅是政府的问题，也不仅是市民的问题，而是共同的问题，对抗不能解决问题，只有双方坐下来进行有效对话与协商才是解决问题的出路。② 考察回京后，"驴屎蛋"投入到以亲身实践推动垃圾分类的工作中，2011 年 7 月，他自筹十余万建成的"绿房子"开始投入使用，并期待通过它实现垃圾分类、回收利用、减量，能把垃圾预处理提前，改变市民随时随地丢垃圾的习惯。③ 2011 年 11 月，北京市颁布了《北京市生活垃圾管理条例》，成为全国首个以立法形式规范垃圾处理行为的城市。

　　就在北京市市政管理委员会赴日垃圾处理技术考察团考察回国后不久，番禺区政府也组成了由政府官员、媒体代表和反对垃圾焚烧的民众代表"巴索风云"和"阿加西"共同组成的考察团赴澳门考察当地的垃圾焚烧技术。考察回来后，"巴索风云"对媒体表示，由于历史、地理以及人口数量等的限定因素不同，澳门模式并不适合内地，对于内地的垃圾处理而言，"完全可以按照国际公认垃圾处理的顺序，一是实行源头减量，尽可能少产生生活垃圾；二是废弃物再生；三是对废弃物尽可能回收再利用；四是采用堆肥或厌氧发酵处理有机垃圾；最后才是焚烧和填埋的最终手段。"④ 他本人也从垃圾焚烧的反对者转变为了一个推动垃圾分类的志

---

① "驴屎蛋"为北京阿苏卫奥北别墅区的业主，本职为律师，因反对阿苏卫垃圾焚烧厂项目而开始关注垃圾焚烧议题。他在参加 2009 年底凤凰卫视《一虎一席谈》有关垃圾焚烧问题的电视辩论录制现场认识了北京市市政市容委副总工程师、垃圾处理的专家王维平，后多次邀请王维平到北京阿苏卫居民区进行调研，探讨垃圾处理问题。2010 年初，他所在的北京奥北志愿者研究小组经过几个月的研究，对国内外的垃圾焚烧现状、发展趋势和经验教训进行分析研究，建议北京在垃圾分类、处理、处理后的运输上借鉴巴西、美国、澳大利亚等国的不同技术，形成了一份 40 多页的垃圾处理建议方案，递交给王维平及北京市各相关机构。后在王维平推动下受邀参与考察。

② 相关资料可详见以下报道：《北京网友"驴屎蛋"获政府邀请赴日考察垃圾处理》，2010 年 2 月 21 日，《新京报》（http://leaders.people.com.cn/GB/10989500.html? jdfwkey = cen-bx3）。杨涌：《北京律师被派出国考察垃圾处理 曾因"散步"被拘》，2010 年 3 月 19 日，《中国新闻周刊》（http://www.chinanews.com/gn/news/2010/03-19/2180324.shtml）。

③ 刘昊、饶强：《驴屎蛋"试车"绿房子》，2011 年 7 月 27 日，《北京日报》（http://news.163.com/11/0727/03/79UJGJR100014AED.html）。

④ 裴萍：《网友应邀参观澳门垃圾焚烧厂》，2010 年 4 月 11 日，《南方都市报》（http://gcontent.oeeee.com/5/68/5680522b8e2bb019/Blog/ec9/bcca8a.html? jdfwkey = pms7u）。

愿者，2010 年 4 月 11 日，他在江外江论坛发出《居民生活垃圾分类推广指南及绿色家庭倡议书》，号召居民自愿加入"绿色家庭"，对垃圾进行分类处理。[①] 这也可以说是参与者以实际行动参与到政府相关决策的执行与推进过程中，因为在 2009 年 11 月 23 番禺居民在广州市城管委前集体请愿事件发生后，作为对居民诉求的回应，番禺区政府启动了垃圾处理的全区大讨论，并在全区推进垃圾分类试点工作；而广州市也紧接着开展垃圾分类的试点工作，并出台了我国第一部城市生活垃圾分类管理的暂行规定——《广州市城市生活垃圾分类管理暂行规定》，并逐步在全市范围内推行垃圾分类，"垃圾费按袋计量征收"、"厨余垃圾专袋征收"等垃圾分类处理模式都在尝试当中，对于这项工作而言，市民的积极参与和政府有效的监管无疑是保障垃圾分类落实到位的核心要素，也是实现垃圾源头减量，降低垃圾焚烧风险的关键所在。番禺业主则不仅自行设计了垃圾分类指南，还自编了垃圾分类歌、制作垃圾分类演示文档、搜集世界各地垃圾分类的宣传片，在小区进行垃圾分类的志愿指导工作等来配合政府垃圾分类的推广工作。

三　有序参与，推动决策程序民主化

番禺垃圾分类工作试点一年后，垃圾焚烧项目重启。2011 年 4 月，番禺区政府召开新闻发布会，正式向社会公布了包括大石街会江村在内的 5 个选址，紧接着，还对外完整公布了确定最佳选点的决策流程及机制，其中包括民意收集，专家规划论证以及规划环评等。

项目选址工作启动后，会江村村民们在村里拉出了"垃圾分类未做好，强推焚烧流毒无穷"、"万众一心，团结一致，我们坚决拒绝呼吸毒气——二噁英"等条幅[②]，并有村民陆续到广州市城管委上访，据媒体报道，仅 2011 年 5 月 23 日广州市城管委和城管局联合接访日当天上午，他们就接访了十多批上访居民，他们一致要求"不要在会江建垃圾焚烧厂"；还有村民代表带着有近 5000 人签名及手印的反对在会江建设垃圾焚

---

① 巴索风云：《居民生活垃圾分类推广指南及绿色家庭倡议书》，2010 年 4 月 11 日，江外江论坛，（http：//www. rg - gd. net/forum. php? mod = viewthread&tid = 195918）。

② 樱桃白：《会江村的反建条幅》，2011 年 4 月 22 日，江外江论坛（http：//www. rg - gd. net/forum. php? mod = viewthread&tid = 245866&extra = page% 3D2% 26filter% 3Dtypeid% 26typeid% 3D5% 26typeid% 3D5）。

烧厂的意见书前去表达诉求。① 而对于记者问及的是否反对垃圾焚烧厂建在他处的问题，村民们则多不置可否。如果说前期以丽江花园等番禺业主为参与主体的参与行动具有明显的政策设定目标的话，那项目重启后会江村村民的表达则依然具有明显的"邻避"色彩。尽管如此，在番禺居民历时近两年的参与过程中，番禺相关政府部门与居民之间就垃圾处理问题以及垃圾焚烧风险所达成的共识还是显而易见的。在重启番禺垃圾焚烧厂项目时，决策程序公开，将民意作为确定最终选址的最重要考虑因素之一，把选址权交给公众，这些都可视为公众参与推动下政府决策方式的转变。

在开放渠道征集公众对选址的意见的同时，番禺区政府还组织了100名区人大代表、政协委员现场视察了五个备选点，并围绕相关问题展开了激烈讨论，媒体亦对此过程进行了详细报道②。透过报道传达出的代表委员们的意见，如"选址宜远离居民区"、"考虑搬迁焚烧厂附近居民"等也在江外江论坛上引起了业主们的围观，一位业主据此报道认为"会江不会建垃圾焚烧厂"，因为人口密度大，周边居民反对意见强烈。③

几个月后，官方网站发布了番禺垃圾焚烧项目前阶段的环评报告，考虑到由于沙湾西坑尾位于二级水源保护区的陆域范围以内，且紧邻大气一类区滴水岩鸟类自然保护区东侧，因此建议取消原有五个选址中的沙湾西坑尾方案；在推荐的其他4个备选点方案中，综合各方面考虑，垃圾处理基地选址的环境可行性较优为大岗、东涌方案，其次为大石、榄核方案；而为了防止可能的洪涝灾害，榄核、东涌、大岗三个方案中的灰渣填埋场需要另行选址，初步确定选在大石会江。报告同时公布了用于接受公众意见、建议及咨询的多条信息渠道④。媒体在对此事进行报道的同时也关注了公众的反应，华南板块多位受访居民都表示对报告将大石会江作为灰渣

---

① 陶达嫔：《5000人按手印反对建焚烧厂 城管称算一张反对票》，2011年5月24日，《南方日报》（http：//news. qq. com/a/20110524/000870. htm）。

② 陶达嫔、陈琨：《广州番禺公布垃圾焚烧厂选址决策全流程》，2011年4月22日，《南方日报》（http：//www. chinanews. com/gn/2011/04 - 22/2991627. shtml）。

③ 十月围城：《我知道会江不会建垃圾焚烧厂》，2011年4月24日，江外江论坛（http：//www. rg - gd. net/forum. php? mod = viewthread&tid = 246000&extra = page% 3D2% 26filter% 3Dtypeid% 26typeid% 3D5 &page = 6）。

④ 陶达嫔：《番禺垃圾焚烧厂选址"五选一"变"四选一"》，2011年8月16日，《南方日报》，（http：//epaper. nfdaily. cn/html/2011 -08/16/content_ 6999209. htm）。

填埋场感到诧异和不满。①

　　此后该项目又经历多次环评公示和公众参与，最终在 2013 年 4 月定址于人口密度低的南沙大岗②，进入环评审批前公示环节，并计划对厂界外扩 300 米环境保护距离范围内的 25 户居民进行整体搬迁。③ 5 月 16 日，广州市环保局重大建设项目审批委员会经集体审议通过了该项目的环境影响报告书，并通过媒体对外做出了 12 项公开承诺，表示将对项目严格监督，确保该项目按照环保相关要求建设和运行。④ 6 月 26 日，项目已经奠基开工，预计 2015 年完工。这个扰攘了四年之久的番禺垃圾焚烧厂项目最终在公众、政府的共同协商之下获得了相对圆满的解决。

　　粗略梳理这两起反建事件的时间脉络不难发现，两个项目同为当地政府重点建设项目，有着相似决策背景与决策修订过程。政府为解决垃圾围城危机而仓促上马的垃圾焚烧项目，在决策之前均未能有效引入公众参与环节，待决策风险和项目即将开工的信息经由媒体发布后，立刻引发民意的强烈反对。最终，本计划于 2007 年 3 月动工、2008 年底建成的六里屯垃圾焚烧项目和原计划 2009 年国庆后动工 2010 年建成的番禺垃圾焚烧厂项目都不得不先后作出停建另行选址的决定。尽管两个案例中公众对政府相关决策的参与均历时数年，可谓是一场持久战，且最终并未能改变政府以垃圾焚烧化解垃圾围城危机的决策大方向，但从项目的科学选址、项目运营的监管规范的制度、垃圾分类工作的有序推进到政府后续决策程序的公开化和公众参与的常规化，政府对原有决策的逐步修订以及在此过程中所逐步开放出的公众参与空间都不失为对我国公众参与制度性建设的一种尝试与努力。

　　无论是项目情况通报会、新闻发布会、官民互动的座谈会、专家咨询会还是项目重启后常规化公众参与程序的引入，这些信息公开、公众参与

---

　　①　除南方日报上述报道外，羊城晚报也对业主反应予以了关注。详见：魏新颖：《读者三问番禺垃圾焚烧厂环评报告》，2011 年 8 月 17 日，《羊城晚报》（http://gz. house. sina. com. cn/news/2011－08－17/16153887947. shtml）。

　　②　2011 年 10 月 11 日，广东省政府发布《广州南沙新区总体概念规划综合方案》，将番禺区大岗、榄核和东涌三镇划归南沙新区管辖，因此此前的番禺大岗更名为南沙大岗。

　　③　刘操：《原番禺垃圾焚烧厂计划本月动工 选址南沙大岗》，2013 年 4 月 19 日，《新快报》（http://news. xkb. com. cn/guangzhou/2013/0419/260411. html）。

　　④　张海燕、刘卫东：《原番禺垃圾焚烧厂通过环评审批 穗环保局作 12 项承诺》，2013 年 5 月 19 日，人民网（http://news. 163. com/13/0519/18/8V8RG2T700014JB6. html）。

的体制内管道的开放，无不得益于公众积极的传播与行动力量的推动，是公众以多元的话语策略、行动策略不断争取自身传播权和话语权的成功实践。

但在对两个案例的梳理中，我们也不难发现，我国威权体制下体制开放空间的不确定性、公众制度化参与渠道的不足以及传播资源分配的不均无不深刻影响着公众参与的实践形态，被外界视为"邻避运动"的六里屯居民的环境抗争行动，其抗争路径、抗争策略以及抗争目标的设定与他们所处的微观抗争环境实际上密不可分，他们在后期参与过程中就政府垃圾处理政策所进行的种种沟通与协商之所以在公共话语空间中"消失"，并不能被简单解读为居民自身的"利己"或"偏私"取向；而随着媒介话语中垃圾焚烧风险的"显性化"，番禺居民的反建行动得以在短期内迅速将讨论升级为对中国目前垃圾处理政策的公共讨论，被媒体普遍赞誉为"公民行动"。

外界对两起事件中公众参与层次定性的差异实际上是对公众参与所处微观社会情境缺乏细致考察的结果，或者说是过于将聚焦点放在可见的媒介文本而忽略了行动文本的结果。尽管媒体尤其是新媒体在动员公众参与、消解行动的政治风险等方面表现出了强效果（曾繁旭、黄广生、刘黎明，2013），但从实践情境来看，其效果的强弱实际上与参与群体的人数、成员内部资源构成、抗争目标的问题化程度以及抗争所处政治、社会以及媒介情境都有着密不可分的关联。为此，本研究将从两个案例中公众参与的微观情境入手，重点考察差异化的媒介近用状况对公众参与路径选择、目标设定以及行动策略、话语策略等所产生的影响，力图深入展现并剖析冲突性环境事件中传播与行动之间的复杂关联。

第三章

传播权的竞逐：媒介近用差异下的公众行动

第一节　六里屯案例：媒介近用
困境与公众的协商策略

一　媒介近用困境的现实表现

（一）民意表达的低媒介可见度

1. 不被充分表达的民怨与民虑

第一章对六里屯居民反对垃圾焚烧厂的过程叙事已经显示，从不满六里屯垃圾填埋场长期臭气扰民到行动抗议六里屯垃圾焚烧厂项目建设，居民采取了一系列的表达行动，其中也包括反复向媒体投诉，但问题始终未能获得圆满解决。根据六里屯垃圾填埋场臭气扰民问题的相关报道来看，媒体也确曾多次报道过政府治理垃圾填埋场臭气问题的举措，在 2005 年底《北京晚报》的一则相关报道中，"给垃圾喷'香水'六里屯垃圾填埋场不再臭"成为了报道的核心内容。报道除在开篇用一句话交代了六里屯垃圾填埋场臭气对周边居民造成的困扰，甚至有居民要搬家躲避臭气的问题外，其余全部是填埋场负责人对填埋场治理措施的阐述，而面对居民强烈反应的填埋场渗滤液污染周边环境的问题，报道在结尾仍然单面引用官方说法，声称"渗滤液经过过滤后达到国家一级标准再排放出去，因此对环境不会造成污染"。①

2009 年 11 月，笔者在填埋场实地考察时，看见在场区围墙外一沟渠的水面上布满绿藻和各种漂浮垃圾，污染十分严重（如下图所示），沟渠

---

① 李环宇：《给垃圾喷"香水"六里屯垃圾填埋场不再臭》，2005 年 12 月 8 日，《北京晚报》（http://news.163.com/05/1208/17/24FGH3FI0001124T.html）。

前的马路则是每天往填埋场运送垃圾的大型运输车辆的必经之路。同去的六里屯居民认为那正是填埋场渗滤液污染的结果，他们据此认为自己居住小区的地下水也早就可能遭到污染，故没人敢饮用。由此看来，媒体对居民投诉的回应采用的是典型的"负面新闻正面报道"的框架，而对于政府出台的相应举措实施后是否取得了成效、居民对治理结果是否满意等，笔者却未能查到相关报道。

　　针对这种现象，有受访居民曾毫不客气地表示"如果照媒体上这样报道，哪怕每次只改进一点，那也早该不臭了呀"。[①] 但现实显然并非如此。在六里屯居民孙思平看来，填埋场并非没有办法控制臭气，"奥运会期间不就还是好很多吗？说明它（指填埋场）还是有办法的"，他从一位经营除臭剂产品的朋友那得知，除臭剂实际上分为不同档次，价格和效果也都相差甚远。[②] 换言之，在他的理解中，填埋场治理是否有效不是一个简单的技术操作问题，而是政府舍不舍得投入、监管机制是否到位的问题。从笔者对其他六里屯居民的访谈资料来看，这种担忧同样成为了居民反对六里屯垃圾焚烧厂项目的重要原因。即便居民相信垃圾焚烧技术本身的安全性，但却无法相信在我国现行监管制度下，垃圾焚烧厂能够严格按照要求运作。遗憾的是，这些对居民而言早已有之的担忧却一直未能在媒体上得到充分体现。换言之，反建民众关注的事实上并非简单的科技理性

---

① 笔者 2009 年 11 月 4 日对北京六里屯居民访谈的资料。
② 笔者 2009 年 11 月 14 日对北京六里屯居民访谈的资料。

层面的垃圾焚烧技术风险，更重要的是与之相关的制度理性层面的操作与监管不足带来的现实风险。

通过强调政府积极治理问题的措施，媒体实际上使公众的关注点落在了政府的行动而非居民的感受与意见上，官方话语遮蔽了潜在的冲突。这种民意表达的困境在居民反对垃圾焚烧厂的事件中也被延续了下来。

2. 难以见报的反建行动

2006 年底，中海枫涟山庄部分较早意识到垃圾焚烧项目潜在危害的业主们就召开了一次业主会议，商讨如何反对垃圾焚烧厂的问题。大家讨论后明确提出要积极联络媒体表达他们的反对声音，并同时制定了一条"内外有别"的媒体选择标准，即严禁业主以活动小组名义对国外媒体发布任何信息，以避免因国外媒体的扭曲报道而给行动带来不必要的政治风险。因为在他们的理解中"国外媒体的报道尺度咱们不好把握，万一它歪曲报道，把咱们的事弄成政治事件就麻烦了"[1]。可见，居民从一开始采取行动就已经充分认识到媒体的重要性，并主动回避报道尺度难以驾驭、可能引发政治风险的国外媒体。但在紧接下来的一系列活动中，他们还是深刻体会到近用媒介的困境所在。

2007 年初居民在小区挂条幅反对六里屯垃圾焚烧厂时也曾多方联系媒体，结果或被直接拒绝，或被婉拒。颐和山庄有居民还找到住在该小区的某媒体主持人的母亲，希望能通过她争取媒体报道，但也被婉言拒绝了，以至于有居民感慨"国外媒体我们又不敢触碰，国内媒体我们上杆子找人家呢，人家又不搭理"[2]，还有业主则表示"当媒体集体失语的时候，我们真的很绝望，报纸上都是官方的说法，说的都是焚烧场如何如何好，二噁英怎样无害，我们老百姓的意见没有人关心，我们的声音发不出去，好像我们'反建'就是无理取闹"。[3]

对比六里屯居民"反建"初期的两个月内采取的行动与同期主要媒体对六里屯垃圾焚烧厂议题的相关报道（如下表所示），我们可以更加清晰地看到居民遭遇的媒介近用困境。

---

① 笔者 2009 年 11 月 4 日对北京六里屯居民访谈的资料。

② 笔者 2009 年 11 月 7 日对北京六里屯居民访谈的资料。

③ 资料来源于北京六里屯居民提供的中央民族大学学生的寒假调研报告：王伟利，王梅，刘玉萍，董坤，《网络传播在公众舆论形成中的作用与问题——六里屯垃圾焚烧发电项目调查报告》，中央民族大学研究生院寒假调研项目，附件二 采访笔记，2008 年 5 月。

六里屯居民"反建"初期（2006.12.15—2007.2.15）的行动与同期媒体报道比较

时间	居民反建活动及活动反馈	媒体报道			
		刊发时间	刊发媒体	消息信源	报道主题
2006-12-15至12-24	居民通过政府发布的海淀区"十一五"规划和海淀北部新区规划展开了解到项目规划，并通过新京报报道获知项目环境风险。小区论坛就此展开热烈讨论并在论坛版主号召下召开了关于垃圾场问题的行动交流会，成立了行动筹备小组，成员20人左右，制定了第一阶段活动方案（草案），方案中明确规定"媒体选择和联系仅限中华人民共和国国内媒体，严禁任何人以活动小组的名义联系境外媒体发布相关消息，如有违反仅代表个人不代表活动小组"。为避免因资金不足而导致活动失败，此次活动同步进行了资金募集	2006-12-15	北京晚报	单一官方信源	为解决填埋场臭气扰民问题，政府决定上马垃圾焚烧项目
			京华时报	同上	同上
			新京报	多个官方信源（海淀区市政管委和持反对意见的政协委员）	六里屯垃圾焚烧厂决策受到政协委员质疑，建议进一步论证。同时透露项目将于2007年3月开工
2006-12-25至12-30	包含业主签名、国家相关文件、深圳南山垃圾焚烧厂周边小区居民癌症患病率升高等七个附件的《反对在六里屯建设焚烧厂的申诉信》完成，并通过志愿者送达第一批政府机关	同期媒体未对此议题进行任何报道			
2007-1-1至1-15	业主们开始在小区内用宣传展板向大家介绍垃圾焚烧厂的情况及其风险知识，同时收集业主联系方式并募集活动经费。 同时，申诉信通过小区业主的人际资源网络送达国家信访局，并通过政府内人士了解到国家对集体上访很重视，建议"反建"小组考虑，在垃圾焚烧厂尚未开工建设之前改变局面	同期媒体未对此议题进行任何报道			
2007-1-15至1-25	海淀区政府相关部门就垃圾场问题在马连洼街道办事处与居民代表座谈。座谈会上，六里屯垃圾场负责人重点阐述了建立垃圾焚烧发电厂的必要性和迫切性。同时请清华大学环境科学与工程系的聂永丰教授和城建研究院等地的专家给大家解释了垃圾焚烧的技术及安全性问题。其中不少言论遭到业主们的当场反驳，座谈非但没能说服大家接受垃圾焚烧，反而激起了大家的不满情绪，认为此举是政府决心强力推进垃圾焚烧项目的表现	2007-1-24	北京日报	单一政府信源	介绍项目基本情况，强调项目安全无污染
			北京晚报	政府和专家信源	介绍项目基本情况，引述专家聂永丰观点，称"垃圾焚烧是目前世界上处理生活垃圾最科学的办法"
			新京报	政府和专家信源	介绍项目基本情况，引述专家聂永丰观点回应居民质疑，强调项目技术标准的先进性和安全性

时间	居民反建活动及活动反馈	媒体报道			
		刊发时间	刊发媒体	消息信源	报道主题
2007 - 1 - 26 至 1 - 31	眼看媒体报道的3月开工的时间日益临近，递送出去的申诉信又石沉大海，媒体在对居民反建活动保持沉默的同时多次传达官方话语，传达出焚烧厂必建无疑的信息。 1月27日，中海枫涟山庄300多业主在小区内召开反建大会，随后开始在小区内悬挂统一印制的写有"我们不想呼吸有毒的空气"、"垃圾焚烧产生强致癌物——二噁英"、"反对在六里屯建垃圾焚烧厂"等字样的反建条幅，但条幅在4天后被城管以影响市容为由限时拆除	2007 - 1 - 28	新京报	单一政府信源	引述官方话语，表示项目环评过关，开春就要动工，称"焚烧是垃圾处理最好的方式"。"六里屯垃圾焚烧发电厂项目，是通过国家环评的。对周围环境没有任何污染"
		2007 - 1 - 31		政府和居民信源	跟进报道北京市环保局对项目环评审批情况的说明，再次强调项目二噁英排放标准是"是目前世界上学术界无争议的、无害的、最安全的标准" 报道结尾引述了六里屯居民观点，认为该项目临近北京水源地，可能造成水源污染，建议另行选址
2007 - 2 - 1 至 2 - 15	随着北京市两会的召开，居民们之前所发出的申诉信也开始有了回音，部分市人大代表和政协委员在北京市两会上提出了有关垃圾分类、停建六里屯垃圾焚烧发电厂的议案或提案，同时也引起了全国政协委员周晋峰的注意，在随后的全国两会上，周晋峰亦提交了《关于停建海淀区六里屯垃圾焚烧厂的提案》	2007 - 2 - 1	新京报	单一人大代表观点	就项目风险议题采访市人大代表，引述人大代表话语，认为项目重新选址不现实，希望强化对项目的多方监督

　　从以上表格中不难看出，尽管六里屯居民在反建初期通过体制内外的表达管道进行了一系列利益表达行动，但这些行动均未能获得媒体关注。尽管这些利益表达使六里屯垃圾填埋场臭气扰民问题具有显在新闻价值，引起了媒体对市区两会上相关人大代表、政协委员提案或议案的关注，但在媒体这个公共话语空间中，居民的反建行动与诉求都以高度简化、抽象的形式表现，占主导地位的依然是政府基于公共利益推进垃圾焚烧，破解城市垃圾处理难题的叙事逻辑。

　　3. 高度简化的反建诉求

　　对比居民早期反建行动与媒体同期报道还可进一步发现，居民反建诉

求在媒介话语中实际上是被高度简化的，除了新京报 2007 年 1 月 31 日有
关垃圾焚烧安全防护距离标准出台的报道中引述了六里屯居民的话语外，
其他报道中均未将居民作为消息来源使用。尽管新京报最早介入此议题报
道的记者在访谈时曾对笔者表示，2006 年底开始，六里屯居民就频繁给
报社打电话反映六里屯垃圾填埋场的问题，虽然报社对这些反映没有给予
报道，但电话热线记录还是引起了报社领导对这个议题的关注，所以该议
题在 2007 年初海淀区两会前就已经进入了报社领导关注的议程，要求记
者在两会报道上关注此问题，记者也是因此才重点关注了海淀区政协会议
上民革海淀区政协委员就六里屯垃圾焚烧厂问题提出的质疑的，但记者也
并非专业人士，他对于信源的判断更多时候只能依据他们所处机构的权威
性来进行判断，在他看来，政府此项规划的出发点是好的，"目标和结果
不能混为一谈，他们建这个焚烧厂初衷是为解决填埋场的污染问题"，而
居民由于政府前期在垃圾填埋场问题上没有处理好，因而对政府存在不信
任是可以理解的，同时民众本身也可能是非理性的，因此记者报道只能依
循权威性和中立性原则，倾向信任政府和专家信源。①

　　对于初次涉及"垃圾焚烧"风险议题的媒体而言，媒体自身对于该
议题认知上的局限性不能不说是普遍存在的，他们对于政府和专家信源的
过度依赖不可避免地导致了居民利益诉求表达上的一定困境，从某种程度
上说，政府及其所选择的特定专家信源实际上建构了媒体早期对垃圾焚烧
议题报道的正面报道框架，表现在具体文本上，一方面，被引述的官方信
源和专家信源均对垃圾焚烧持支持立场，其中不乏"最安全"、"完全无
污染"等对项目风险的绝对化判断。另一方面，该项目在官方语境中被
塑造为环保典范，其筹建本身是为解决六里屯垃圾填埋场的臭味问题，具
有显在的"公益"目的，是利他而非利己的。

　　尽管从新闻生产常规出发，媒体的这种框架选择并不难于被理解，但
与媒体"信任政府"的报道框架相对应的却是居民解读报道时的"不信
任政府"框架，他们认为官方对垃圾焚烧厂安全性的再三强调是"无视
群众的呼声"、"无视民众的健康生存权利"，认为项目背后"就是巨大的
利益驱动"，并号召大家不能"坐以待毙"，"不要让这些既得利益集团要

---

① 笔者 2009 年 11 月 3 日对新京报记者的访谈资料。

挟政府，草菅民众"①。通过传统媒体公开传播的以赞成声为主的官方表态和借助网络论坛等新媒体平台传播的以反对声为主的民众表态之间表现出强烈的利益冲突。

　　事实上，反建居民对于垃圾焚烧厂的反对并不仅仅基于受访记者所谓的基于政府在垃圾填埋场问题上处理不当所累积下来的不信任，他们在最初的申诉信中就明确提出了项目距离北京市重要水源——京密引水渠不足两公里这一重大环境风险隐患问题，但在媒体早期报道中均未明确提出。此外，申诉信中还就项目规划存在的诸多问题进行了有理有据的阐释，其中包括项目选址周边人口众多、存在大量环境敏感点，项目规划与海淀区作为高新技术产业区和旅游区的发展规划不相符，且项目地理上位于北京上风口，并表示"焚烧厂一旦建成，在风向的作用下焚烧厂所排放的二噁英、垃圾粉尘等有毒物质，不但会对周边社区居民造成更恶劣的身心影响，还有可能危及更远区域的居民"，且项目存在的这些风险因素与国家相关部委发布的"关于加强生物质发电项目环境影响评价管理工作的通知"（环发〔2006〕82号）规定的垃圾焚烧项目选址要求是不相符的。②但这些诉求在媒体早期报道中均未被充分表达，居民的反建诉求在媒体文本中被简化为"六里屯垃圾焚烧电厂是否存在污染"、"曾有居民认为焚烧垃圾可产生二噁英等有害物，继而反对这个工程上马"、"居民对垃圾焚烧厂可能带来的污染表示担忧"等高度抽象的表述，以至居民们自己也感觉到，他们的反建行动当时在政府、媒体乃至社会公众看来都好像是在"无理取闹"，是"自私"，"不顾大局"③。

----

　　①　具体内容见搜狐焦点网中海枫涟山庄论坛上"海淀区举行新闻发布会，六里屯垃圾焚烧厂有望明年运营"一贴的业主回帖，（http://bjmsg.focus.cn/msgview/1396/1/75022531.html），2007年1月24日。

　　②　2006年国家环境保护总局、国家发展和改革委员为贯彻落实《中华人民共和国可再生能源法》联合发布的"关于加强生物质发电项目环境影响评价管理工作的通知"（环发〔2006〕82号）中，明确规定了关于生活垃圾焚烧发电类项目厂址选择的具体规定，规定要求除国家及地方法规、标准、政策禁止污染类项目选址的区域外，以下区域一般不得新建生活垃圾焚烧发电类项目：（1）大中城市建成区和城市规划区；（2）城镇或大的集中居民区主导风向的上风向；（3）可能造成敏感区环境保护目标不能达到相应标准要求的区域。申诉信全文见：《反对建设垃圾焚烧厂，百旺新城社区居民关于反对在六里屯建垃圾焚烧厂的申诉信》，2006年12月27日，搜狐焦点网中海枫涟山庄业主论坛（http://bjmsg.focus.cn/msgview/1396/1/72368685.html）。

　　③　笔者2009年11月7日对北京六里屯居民访谈的资料。

　　直到 2007 年 3 月到 4 月，中华工商时报记者以"垃圾焚烧厂为何建在北京上风口"、"距离居民点不足 300 米、一方要听证一方不同意、建垃圾焚烧厂要不要开听证会"等为题对六里屯垃圾焚烧厂的选址及项目审批流程提出公开质疑，六里屯居民的反建诉求才在一定程度上在公共话语空间中被"合法化"。但由于北京媒体所处的特定政治及社会环境以及媒介自身内在生态的变化等因素，北京六里屯居民的反建行动始终未能得到媒体持续、强势的关注。包括六里屯垃圾焚烧厂项目被宣布缓建之后，反建居民的利益诉求实际上已经转到对政府垃圾处理公共政策的讨论上，但这些讨论并未获得媒体关注。

　　在受访者看来，他们 2007 年后反复多次与政府官员、专家探讨垃圾处理问题，之所以得不到媒体报道，"拜访"形式本身缺乏新闻点是一个方面，另一个方面的原因可能在于他们提出的问题短期内难以解决，"你这个媒体推动（垃圾处理）这块啊，显得很薄弱这个。前不久北京晨报的一个记者，当时跟我聊了半天，当时我就跟他说，没关系，我知道你也不一定能发出去，不过你来听也好，然后知道我们为什么反对在六里屯建垃圾焚烧厂。然后我们谈了很多现在这个垃圾处理，政策方面的一些看法。结果发布出来，我知道发不了，北京市控制的，晨报是北京市的。而且有一个问题就是，这种批评呢，批评就得使得政府（有回应），在批评当中没有回应，就不允许发。解决不了，他就干脆，你也别提……"①

　　媒体对六里屯居民反建诉求的高度简化一方面使得居民反建行动面临合法性依据不足的舆论困境，另一方面也使得居民后期反建行动所表现出的政策影响力难以得到充分体现，一定程度上限定了外界对六里屯居民反建个案的公众参与价值的解读。

（二）公众行动被负面解读的困境

　　在诉诸体制内多种表达管道而未能获得有效表达的情况下，六里屯居民迫于无奈采取了一系列集体性的抗议行动。但这些行动却因为媒体对冲突的关注和对冲突背景的忽略而被部分地扭曲。

　　《北京晚报》、《京华时报》对六里屯垃圾填埋场公众开放日当天堵垃圾场的报道即为如此。

　　《北京晚报》的标题为"为阻垃圾焚烧场建设　十余小区数百业主堵

---

① 笔者 2009 年 11 月 7 日对北京六里屯居民的访谈资料。

门抗议"，报道重点描述了现场的冲突场景："有200多人堵在路上，致使车辆无法通行，车辆已排出1公里长；许多人手举标语，对填埋场散发的恶臭以及建设垃圾焚烧厂表示不满，现场还有许多警察在维持秩序。……许多业主表示，下午周边十多个小区的业主聚集在垃圾填埋场门前'示威'，主要是反对在此建设垃圾焚烧厂，整个过程从下午2时持续到6时，人群才渐渐散去。"而报道最后一段提供的背景资料却是政府和专家支持垃圾焚烧，称垃圾焚烧无害的说法，并在六里屯垃圾焚烧厂的建设与解决六里屯垃圾填埋场臭气扰民的问题之间建立因果关联，强调"垃圾焚烧是目前世界上处理生活垃圾最科学的办法，技术工艺相当成熟"，"有害物只要控制在低含量的标准，就不会对人体和生态产生不良影响"。[1] 对居民抗议的其他原因却未予提及。在此背景下，公众的行动实际上被界定为非理性的抗议。而京华时报的报道角度也颇为相似，导语部分重点描述的是现场引发的交通拥堵问题和居民非理性的抗议行动，如"有居民将私家车停在大门口"、"有的甚至直接坐在门口"，以此阻止垃圾车的通行，造成道路拥堵，并配发了一张居民用汽车堵住填埋场大门的图片，汽车后窗和牌照位置贴的标语写着"要生命健康　反对垃圾焚烧"和"拒绝癌症"字样。报道第二段则写道："对此，填埋场负责人无奈地表示，本来公众开放日是为了加强广大群众对六里屯垃圾卫生填埋场工作的了解和监督，增强填埋场使用管理的透明度。但居民们不是为参观而来，首个公众开放日变成了'抗议日'。"整篇报道从头到尾未出现一个居民信源。[2] 北京某媒体受访记者在访谈中谈及此事时也完全站在了垃圾填埋场一方，认为海淀区政府设立这个开放日本来是好事，是想让居民了解情况，但没想到"居民怎么那么不理解"[3]。

　　回到填埋场公众开放日当天的冲突事件上，从当天行动参与者在业主论坛上对报道的评价和笔者调研过程中对部分行动参与者的访谈来看，其中展现出的却是与上述媒体报道不尽相同的说法："我们不禁要问为什么开放日变成了抗议日呢？是居民不讲道理吗？不是。现场居民未动垃圾场

---

①　姜晶晶：《为阻垃圾焚烧场建设　十余小区数百业主堵门抗议》，2007年4月16日，《北京晚报》（http://epaper.bjd.com.cn/wb/20070415/200704/t20070415_251369.htm）。

②　王晴：《居民持标语要求停建垃圾焚烧厂》，2007年4月15日，《京华时报》（http://www.sxgov.cn/xwzx/gnxw/440210.shtml）。

③　2009年11月7日笔者对北京媒体记者访谈的资料。

的一草一木，未出现任何过激的行动和语言。是居民不知道正常的反映问题的方式吗？不是。这点海淀政府的主管部门最清楚，他们手里有几年来通过正常途径递交的，由上万居民签字的意见函、投诉信、行政复议申请书和游行申请等成沓成沓的文档，还有人大和政协代表提交的各种提案。……你可以设身处地的想想，当垃圾场周边整天被臭味包围的居民，几年来看到的只是政府的承诺一次次地变为无望的时候；当他们拿着真诚的意见书却遭到主管部门的冷落的时候；当他们感到生存危机却得不到正常的解释和保护的时候；当他们的呼声只能得到同情而屡屡被媒体封杀的时候，他们能干什么呢？作为很在意事态激化的主管部门，当时又做了什么呢？"① 帖子中对居民行动的解释既体现出他们诉求无门的无奈，也体现出他们行动当天的理性与克制。

　　笔者实地调研期间访谈到的 10 位居民中有 5 位曾亲身参与当天行动，他们亦认为，居民当天的行动是非常理性的，并没有采取任何过激的行为，行动的本意也并非是为了堵垃圾场，是想借开放日进去参观垃圾场运作过程，但厂方却坚持表示需要提前预约，居民去的人太多，不能都进去，这才引发了居民的不满，大家都等在了填埋场门口，导致欲进入垃圾场的大垃圾车被堵在了场门口，引发了冲突性局面。②

　　对于居民行动背后的这种逻辑只有《中华工商时报》的报道对此予以了说明，表示当天居民的行动是"一系列外部因素刺激的结果"，这些外部因素中包括 4 月 12 日北京某地方媒体相关专题报道中明确表示"年内，海淀区将启动六里屯垃圾焚烧发电厂工程"以及当时媒体曝光了海淀区某领导及其亲属因经济问题正接受中纪委调查，其中牵涉到投资上亿的六里屯垃圾焚烧厂项目，报道最后强调了政府面对居民的强烈反对有必要召开一次"公开、公平、公正、专业"的听证会。③ 相比之下，其他几家媒体在报道时却多突出了居民行动造成的交通拥堵问题，缺乏对导致冲突的原因的反思，从而也使居民行动在相应媒体报道中再度被建构为"非理性"的表达行为。

---

　　① 百旺理想：《六里屯垃圾场的"开放日"为何变成了"抗议日"？》，2007 年 4 月 16 日，搜狐焦点网中海枫涟山庄业主论坛（http://house.focus.cn/msgview/1396/81272400.html）。

　　② 笔者 2009 年 11 月 7 日、11 月 17 日对北京六里屯居民访谈的资料。

　　③ 王义伟：《六里屯垃圾焚烧厂再遭阻建》，2007 年 4 月 16 日，《中华工商时报》（http://news.sohu.com/20070416/n249451992.shtml）。

二　媒介近用困境的原因分析

（一）转型期媒体所处特定政治生态的限定

对于反建行动所遭遇的媒介近用困境，受访居民多将其归因为"控制太严"、"不愿得罪政府"、"（媒体）怕惹祸上身"① 等媒体所受外部控制因素的影响。受访的媒体记者也多向笔者证实了这种控制的存在。有记者报道海淀区政协会议上质疑六里屯垃圾焚烧厂项目的提案后，受到了海淀区政府的批评，② 而另一报道了此事的记者也表示，其实当天的政协会议上有很多提案，海淀区政府并不希望媒体报道六里屯垃圾焚烧厂的事，在他们看来，这事"很敏感"③。北京市委宣传部也曾多次发禁令不许媒体报道六里屯垃圾焚烧厂一事，"北京市对市属媒体早就说了，（不能报），所以市属媒体一直没有介入这个事"，理由是"那里人多，怕引发群体性事件"④。如受访者所言，这种禁令所能管辖的主要是北京市的市属媒体，对于中央媒体汇聚的北京而言，其他媒体并非没有报道空间。有受访媒体记者即表示，在类似风险议题报道中，"（北京市委宣传部）可以打招呼，但决定报不报还是在我们这"，但也有一些媒体虽然隶属中央，不归北京市地方政府管辖，但依然或多或少受到属地限制，很多时候需要协调好与北京市政府的关系，所以"一般批评北京市政府的稿子很难登"。⑤

可见，媒体生存环境中媒体体制性因素的确是限定媒体对该议题报道空间的重要因素之一。六里屯垃圾焚烧厂项目作为北京市"十一五"重点建设项目，决策者并不希望媒体对此议题进行太多报道，以实现控制风险传播范围，平稳推进项目建设的目标，项目的这一政治背景成为居民近用媒介表达反建诉求的一大障碍。

即使是不受同级政府约束，也不需要碍于"面子"与北京市政府"搞关系"的中央媒体，在报道垃圾焚烧项目这类风险议题上，也并非完全享有自主权。笔者访谈中发现，事实上，媒体所处的政治生态还表现在

① 笔者 2009 年 11 月 7 日、11 月 17 日对北京六里屯居民访谈的资料。
② 笔者 2009 年 11 月 9 日对北京媒体记者访谈的资料。
③ 笔者 2009 年 11 月 3 日、11 月 9 日对北京媒体记者访谈的资料。
④ 笔者 2009 年 11 月 5 日，11 月 14 日对北京媒体记者访谈的资料。
⑤ 笔者 2009 年 11 月 5 日，11 月 12 日对北京媒体记者访谈的资料。

多个层面，其中就包括媒体为主动规避报道风险而选择的"自我把关"，而这种"自我把关"的疏密程度又往往与媒体内部政治环境有着密切关联。

　　一位受访记者就曾向笔者这样解释自己的多篇相关报道能够见报的原因"我的报道当时能出来呢，因为当时报社比较乱，监管比较松。报社一般批评性报道，尤其是批评北京市政府一般是很难登的。我是瞅了个空子，后来我登了段时间就出不来了，登不了了。"而他所谓的"空子"主要指的是报社内部因高层领导人事变动而形成的权力"空档"，"因为那段时间新旧交替嘛，老领导走了，新领导还没来，剩下几个副的无所谓，我报道的那段时间就刚好是报社最乱的时候"，但随着新领导的到位，这种权力"空档"又被完善的媒体内部审稿制度填补了，"我断掉的时候就正好来了个新的领导，某某（注：报道标题省去）稿子，那是最后一篇。从某某报调来了个领导当社长……他来了之后就很重视嘛，怕报纸出事，晚上就在总编室值班……他刚从某地来，初来乍到，他特别谨慎，不想这报纸哪怕出一点点纰漏。"尽管新领导到任后，该记者也曾试图跟进六里屯的报道，在提交稿件的时候还特意写了一个详细的情况说明，说明事件的来龙去脉包括国家环保总局要求项目缓建的决定，希望利用国家环保总局的官方话语来确定报道的安全性和正当性，但领导再三考虑后还是批示表示"这种事太敏感，还是看一看再说"，从此之后，再遇到类似的稿件，总编室就会直接电话告诉他报社现在的情况下，这类稿件就不要发了。受访记者本人对此也表示非常理解，在他看来，如果新社长到任两三年后，位子坐稳了，跟周围关系也踏实了，"就不怕你找事了"，但在当时初来乍到的情况下，报社所有负面稿件都被"枪毙"了，他有关六里屯的报道自然也难于幸免。①

　　换言之，对于在高层领导任免上缺乏人事自主权的媒体而言，媒介组织内部监管的疏密程度本身具有不确定性，一定程度上依然受制于上级政府机构。新任领导为避免报道出现问题牵连自己的"乌纱"，难免进行"主动把关"以避免报道风险，这也就不可避免地限定了媒体对社会冲突性议题的报道空间。

　　除去这些相对易见的媒体政治生态因素的限定，特定风险报道所处的

---

① 笔者 2009 年 11 月 12 日对北京媒体记者的访谈资料。

宏观政治环境也是影响报道能否顺利传播的重要因素。例如在整个事件中发挥了重要的风险启蒙作用的央视"六里屯垃圾填埋场"系列报道，原计划连续播出 7 天，但不少每天守着该节目看的业主发现，只播出 6 天就停了，业主推测最后一期节目可能是因为赶上国际奥委会主席罗格到访北京，相关报道会影响到奥运会事宜所以停播的。① 尽管这种说法未能得到央视内部人士的证实，但类似奥运会、全国两会、国庆等重大活动时期，媒体尽量避免批评性报道则是由来已久的"报道潜规则"。而一些热点议题突然遭遇这些特殊情境的"冷处理"，基于下文将要分析的新闻生产常规的影响，便有可能为其他后起的社会热点议题取代，不再受到媒体关注。

　　概言之，由于我国转型期媒体在媒体体制上的先天不足，媒体抵御报道风险的能力原本十分有限，从业者的新闻专业主义实践空间具有高度不确定性，尤其是对于居民以反对政府既定决策为抗议目标的参与行动而言，由于所涉议题本身的政治敏感性，即便媒体在行政级别上位高一级，不受"同级媒体不得批评同级政府"的外部制度性约束，但也同样难以避免来自媒介内部的种种不确定的报道阻力，对于试图通过媒体充分表达自己利益诉求的普通公众而言，他们始终难以与体制内的权力机构享有同等的媒介近用权。

　　（二）媒体新闻常规的限定

　　新闻常规是媒介"模式化的、常规化的、重复进行的实践形式"（Shoemaker/张咏华译，2007：25），它在媒介组织层面使新闻生产活动具有可预期性和可控制性，保证媒介机构有序运作；在从业者个体层面则为他们提供一套快速有效地筛选、分类和判断事实的方法，使他们能有效应付每天变化万千的复杂世界，顺利完成自己的日常工作。（Tuchman，1972，1974；Roshco/姜雪影译，1994；吉特林/张锐译，2007）媒体筛选新闻事实的常规标准、媒体/记者—信源关系以及媒介组织内部常规等都深刻影响着媒体对特定议题的建构形态。

---

　　① 笔者 2009 年 11 月 4 日对北京六里屯居民访谈的资料。尽管此说法未能得到央视内部人士证实，但央视此专题系列报道第一期"北京六里屯垃圾焚烧场：专家质疑环评报告"的播出时间为 2007 年 4 月 16 日；而国际奥委会主席罗格正是 2007 年 4 月 23 日抵京参加 2007 年国际体育大会的。

1. 媒体筛选新闻事实的常规标准的影响

时效性、重要性、显著性、接近性和趣味性，作为新闻价值判断的常规标准，是影响媒体日常新闻筛选的重要依据；而媒体普遍采用的新闻归口制度则通过将记者部署于不同的新闻条线来保障记者每天能够快速有效地完成工作。媒体的这些筛选新闻事实的日常化标准可以说先天决定了底层民众近用媒介的困境。这正如一位受访记者所言"从消息来源的角度说，民众要接近媒体当然是没有政府容易，这个在国外也是如此，政府是最大的信源，掌握着最大量的信息，这个很正常"①。

与此同时，垃圾焚烧议题本身的专业特性也限定了媒体记者对该议题新闻价值的准确判断。在风险沟通领域，专家—民众间存在的风险知识落差以及感知方式差异本身就是沟通中常见的障碍（吴宜蓁，2007），"垃圾焚烧"作为垃圾处理的一种处理技术，其具体操作规范、前置程序、技术标准、潜在环境风险等，不仅对于六里屯居民而言是一个抽象概念，对不具备专业技术知识的记者而言也同样如此，这种认知偏差不可避免会影响媒体记者对特定议题的判断。

一位长期跑海淀区政府条线的新闻记者始终认为居民反建是非理性的，是对政府工作不够理解的结果，在他看来，海淀区政府为了解决垃圾问题做了非常多的工作，包括地沟油回收、废旧电池回收等，上马垃圾焚烧厂也是为了解决填埋场臭气的问题，而对于焚烧厂选址是否科学的问题，受访记者表示："中海枫涟山庄和茉莉园那边后面是山，他们是在一个山坳里头，就算我把这个填埋场的臭味降到再低，他们还是能闻到，因为这个气味吹出去到山那还得折回来，就算那不建焚烧厂了，这个气味100年还有。"而当笔者追问到："既然按你说的，那个地方是个簸箕形的，那不是更不适合建垃圾焚烧厂吗？"受访记者则说道："这个不是建不建的问题，而是这个垃圾必须处理。可能我跟官方接触比较多，比较能理解他们的难处。所以为什么媒体也是在帮政府解释这个问题，因为你这个不做，那垃圾怎么办？有别的办法吗？追到源头来说，还是老百姓没有理解。"②

六里屯垃圾填埋场即将填满，海淀区垃圾面临无处可埋的处理困境，

---

① 笔者 2009 年 11 月 3 日对北京媒体记者访谈的资料。

② 笔者 2009 年 11 月 9 日对北京媒体记者访谈的资料。

政府为破解难题，决定上马垃圾焚烧项目——其实从受访记者的话语表述逻辑中不难发现其和官方话语逻辑如出一辙，而从事情后续的发展来看，尽管垃圾围城危机迫在眉睫，采用垃圾焚烧技术势在必行，但在此前提下，至少应当科学选址。

而较早关注到居民诉求中的理性声音，公开质疑该项目环境风险和决策过程的记者则表示，他本人对议题新闻价值的判断则与他个人长期以来对环保议题的关注以及自身的新闻敏感密不可分，"这个事情的价值肯定是非常有价值，因为这个事情我很清楚，如果这个垃圾厂真的成立的话，这个事情对北京市的危害太大了。因为他们开始给我提供了很多很多的资料，我开始是不太懂的，后来看了之后就发现这个新闻价值是无疑的。而且我本人一直就对环保感兴趣。……像这种热点问题的采访，我认为非常有意思的一点就是你拥有的材料非常的多，关键就在于你怎么能从中发现关键的新闻点"。①

换言之，垃圾焚烧这样相对抽象议题的新闻价值判断对于非专业的记者而言确实存在一定的价值判断困境，部分记者在接触该议题时存在的认知上的偏见会影响到他们对议题价值的判断，在此背景下，记者个体相关专业知识的积累及其新闻敏感的强弱成为影响特定议题建构的重要因素之一。

2. "媒体/记者—信源"关系的影响

"记者—信源"关系是媒体新闻常规中至关重要的一环，信源对媒介的接近与使用有赖于其自身的权力与影响力、能否有效地提供适合的材料、良好的公共关系以及他们与媒介的共同利益和媒介对他们的倚赖程度等（Mcquail，2000）。对于传统媒体而言，以政府为代表的机构化信源是媒体信息来源的主要渠道，他们不仅占据着近用媒体的渠道优势，同时还常凭借其与媒体记者在日常工作中积累的情感优势与信息资源深刻影响着媒体对特定议题的建构。

前文曾从我国媒体所处政治生态角度分析了六里屯居民的媒介近用困境，事实上，除了政治生态因素之外，对于新京报、京华时报等以北京为核心发行区域的市民类媒体而言，尽管他们在行政级别上不受北京市政府的直接管辖，但北京市各级政府机构作为媒体日常新闻生产的重要消息来源，无论是媒体还是负责对应条线的记者都不可避免地需要权衡相关负面

---

① 笔者 2009 年 11 月 12 日对北京媒体记者访谈的资料。

新闻报道可能带来的利益冲突的大小，权衡利弊后，媒体常常会以"趋利避害"的方式来处理相关报道，讲究信源的平衡，引述官方话语都是记者降低报道风险的重要策略，但假如官方一直保持沉默，那么记者也会感到"无能为力"。

　　如北京某媒体记者就曾表示"政府和民众之间在掌握的信息上不平衡、知识不对称，这种沟通的鸿沟有的时候是很难逾越的……有的时候（记者）可能是专家、政府意见先入为主的，没有绝对客观可言，是人都很难完全避免偏见，只是说记者可以尽量让民众的一些质疑获得官方的回应"。① 但假如官方对质疑回复模棱两可或不予回应，那么记者报道就不可避免受到限定。北京某媒体受访者曾这样对笔者讲述自己在北京市两会上采访六里屯垃圾焚烧厂事件时的经历——"当时领导对我们的提问是很敏感的，因为这个是北京市环保局通过的环评项目，是北京市下面的科研所做的环评报告。我们其实是希望北京市的一些主管部门来公开承认这个到底有没有问题，把握新闻发布会的机会，去问北京市环保局呀、市政管委呀，这个项目到底停了没有，选址有没有问题，都会去问，但（他们）会很回避，有时候会说一两句话，只言片语的；有的会说不清楚；也有的会说已经停了，但不会做具体解释。所以要拿到真实的信息还是很难的，很难，只能是在一些公开的新闻发布会之类的机会尽量去问，因为你平时去找环保局的总工程师什么的，人家可能不接待嘛，我要采访一个市政管委专门负责垃圾处理的委员，（对方）不接待。"②

　　结合笔者掌握的广州某媒体记者的访谈资料来看，政府无意回应居民呼声本身就是造成居民意见难获持续关注的重要原因，"我们报道做到第二天，第三天，然后做不下去了，因为除了番禺区市政园林局外，没有政府部门出来回应"③。而北京某媒体记者在解释为何国家环保总局宣布缓建决议，居民行动得到官方权威认可之后，六里屯居民对项目的反对意见仍难以获得媒体报道时也表示，"你去采访官员，官员说，'项目已经缓建了'，每次问都这句话，你还怎么报?"④

---

　　①　笔者 2009 年 11 月 3 日对北京媒体记者访谈的资料。

　　②　笔者 2009 年 11 月 5 日对北京媒体记者访谈的资料。

　　③　华中师范大学陈科老师和南京大学袁光锋老师 2009 年 11 月 24 日对广州媒体记者访谈的资料。

　　④　笔者 2009 年 11 月 9 日对北京媒体记者访谈的资料。

记者们的这些具有相似性的表述中一方面体现出媒体对官方信源的高度依赖，政府作为垃圾焚烧政策的决策者，成为媒体相关议题报道不可或缺的信息来源，深刻影响着媒体对特定议题的建构，对于这点，我们在第四章中还将借助对报道文本的话语分析予以进一步论述；但另一方面，我们必须承认，居民近用媒介策略的匮乏、无法为媒体持续提供具有新闻价值的"故事"，无法迫使政府作出有效回应，也是造成媒体难以持续关注该议题的重要因素。

3. 媒介组织内部常规的影响

尽管在六里屯垃圾焚烧厂事件上，新京报是介入早，关注的持续时间也较长的媒体，但在六里屯居民看来，它对事件解决所起的推动作用却是非常有限的。而这一点，参与报道的一位记者在访谈时也表示了认可，相比于其他介入较晚但报道却很深入，且有连续性的媒体而言，"我觉得我们太落后了，其实我们到后来也一直没有做一个综合的、深入的报道，都是断断续续的，跟踪式的报道，量比较多，但比较小，一块一块的"。①结合笔者对该报多位记者的访谈来看，报社内部组织常规的漏洞是导致新京报对该议题报道缺乏舆论影响力的重要原因。

对于新闻从业者而言，新闻常规实际上是一个组织常规被内化的过程，领导的选题偏好、内部成员的分工合作机制等都在其中。某受访记者表示，"（2006 年）12 月份海淀区政协会议召开的时候，好像六里屯这个事已经比较受关注了，可以说已经进入了报社领导关注的议程，所以上面就要求记者采访的时候关注这方面的信息，我一直都说新闻价值判断标准的第一条就是'领导标准'，最后才是新闻课本里说的那些新闻价值标准"。而另一位受访者也证实，报社当时在议题启动之初就曾在编前会上对事件新闻价值进行过相关讨论，认为题材还是"特别重大的"，具体包括四个层面"一个是这个项目是怎么立项的，事先这个知情权在什么地方，有什么来保证；第二个，环评是怎么做的；第三，垃圾焚烧有二噁英啊，垃圾焚烧到底是不是安全的，风险有多大；第四，公民如何主张自己的权利，包括政协如何参政议政一个方面。"但并没有围绕这些问题具体讨论报道如何展开的问题，至少他本人没有被通知去参加过该议题报道的新闻策划会。而当时重点参与该议题报道的一位受访者也表示"整个报

① 笔者 2009 年 11 月 3 日对北京媒体记者访谈的资料。

道没有线索分配问题，没有一个细化的方案，这个话题怎么去报道，没有一个策划……我们领导自始至终对事情没有一个很大的框架、方案、采访的思路，……只有我们记者在下面做"。①

由于报社对该议题报道整体上缺乏统一部署，分属于不同条线的记者只能是各自带着自己的问题去进行相关采访，而不同条线之间的记者又缺乏相互沟通，使得议题难以得到完整深入的建构，即使抛开同一议题报道中因为媒体上层缺乏统一部署协调，导致议题建构缺乏完整性这一因素不谈，作为媒介组织重要常规的新闻条线制度，如果缺乏科学的分配与协调，在日常化的新闻生产中也可能出现很多问题。

例如有受访记者认为"记者在这个问题上（注：六里屯垃圾焚烧厂）最主要的作用，我觉得就是尽可能保证声音的多元化，这个是个系统工程，不是单个记者可以做到的，比如我跑政府线，那我就要迫使政府对这个问题做出回应，解释民众的质疑，那其他还有跑社会线的，他们肯定会去现场采访民众的意见，这样在这个问题上，意见就多元化了。"② 新闻条线制度作为确保媒体有序运转的重要组织常规，其优势在于能够确保记者每天从相对固定的消息来源渠道获取信息，完成日常化的工作，但其弊端也是明显，这种弊端一方面表现在记者与消息来源长期交往中不可避免形成的某种"利益认同"对报道客观性造成侵蚀；另一方面则表现在跑线记者因为种种原因进行条线交接的时候，此前该条线上的凭借记者个人能力积累的部分消息来源有可能大量流失或需要重新结构。

而这实际上又关涉到前一个要点中提及的问题，新闻条线制度下，政府机构作为媒体常规化信源，在媒体内部条线进行交接转换的时候往往很容易继续维系，但普通民众作为媒介组织非常规化的信源，可能联系更为紧密的是某个特定记者，但随着该记者的跳槽，这种信源资源就有可能面临需重新结构的困境。新京报重点参与此议题报道的一位记者在接受笔者访谈时已经跳槽至另一家媒体，他表示"像我这样的记者出来之后，后面的记者前期没有介入过这个事情，没有那种采访体会，或者那方面的知识积累、人脉积累，他就可能不会去关注这方面的问题。"而在他看来，这也是影响该报对六里屯报道的深入性和持续性的因素之一。

---

① 笔者 2009 年 11 月 5 日、16 日对北京媒体记者访谈的资料。

② 笔者 2009 年 11 月 3 日对北京媒体记者访谈的资料。

　　由此可见，就传统媒体的媒介近用而言，影响居民近用媒介的不仅仅是简单的报道"禁令"，媒体对官方信源的高度依赖、记者个体相关风险知识的缺乏、政府对相关信息的有意回避以及居民自身近用媒介策略的不足都是导致居民反对意见难以通过传统媒体管道得以充分表达的重要原因。

　　（三）新媒体传播"双刃"效果的限定

　　与此同时，包括业主论坛、QQ 群以及 2009 年后兴起的微博和微信在内的新媒体，尽管他们作为相对开放、自由、近用成本较低的传播媒介，为底层民众的自主表达与讨论提供了平台，使得他们个体所感知到的问题得以迅速跨越公私领域边界，进入公领域，成为公众共同关注的问题（参见 Bimber etc.，2005），但如果诉诸这些渠道的公众意见未能发展为一种具有足够影响力的公共舆论，就不足以迫使政府方面做出回应，其表达的有效性同样难以体现。

　　尽管国内外不少研究者对新媒体传播的研究都非常关注新媒体对底层民众传播赋权的作用，认为新媒体的低使用成本、高互动性、可迅速跨境传播的特定便于草根阶层使用，打破了大众传媒与人际交流的界限，能够形成一种"大众自传播（mass self - communication）"（转见邱林川、陈韬文，2009），但从六里屯居民的新媒体传播实践来看，这种传播赋权并不必然能够得以实现。其原因在于，一方面，网络媒体本身亦并非完全自主的传播平台，同样存在网络内容的审查与监管。例如，搜狐焦点网中海枫涟山庄业主论坛作为居民反建早期信息传播的重要平台就曾屡屡出现"垃圾焚烧"主题的论贴被删或无法发表的问题，大家只好以"FS"、"焚 S"等字样代替；即便是广州番禺业主的多个业主论坛及"反烧"主阵地"江外江论坛"也都遭遇过论贴被删甚至是论坛"被黑"无法正常使用的情况①。另一方面，代替网络媒体的开放性虽然为居民的利益表达提供了更为便捷的传播渠道，但相关行动信息的公开也同时降低了政府监

---

　　① 2009 年 1 月 12 日，江外江论坛及番禺多个业主小区论坛疑遭黑客攻击，页面无法打开；江外江论坛首页变为空白且出现类似"大炮轰了这垃圾网……垃圾网站"表述的挑衅话语；此后不久，该网站又再度被黑，不仅无法发帖回帖，甚至出现部分帖子一直无法浏览的状况。对于两次事故，新快报均进行了报道。具体报道可浏览：阮剑华等：《反烧"阵地"江外江论坛被黑》，2010 年 1 月 13 日，《新快报》（http://www.ycwb.com/ePaper/xkb/html/2010 - 01/13/content_ 712221. htm）。阮剑华：《江外江论坛疑再度被黑》，2010 年 1 月 22 日，《新快报》（http：//news. sina. com. cn/c/2010 - 01 - 22/012816971728s. shtml）。

控的成本，使得借助网络论坛进行的行动动员与组织在具体实践层面遇到了困难。

2007 年农历春节期间六里屯居民在网上召集出小区进行宣传的志愿者的信息就为政府的控制提供了线索，导致行动当天居民尚未出小区便被城管等人员拦下，宣传活动最终被迫停止。而自此之后，六里屯反建核心团队的成员在行动组织过程中开始十分注意行动的隐蔽性，转而通过电话、短信、邮件等点对点的传播方式和小范围"情况通报会"的方式来召集活动。"举个例子说吧，跳楼的人会引来多方的关注，媒体，公安、消防、卫生等部门。但如果他站在楼顶之前，在楼下边就嚷嚷：'我要从这儿上去跳楼！'，他还有可能上楼吗？还有可能产生同样的效果吗？早就被按住了。"① 六里屯居民的这段话生动地表现了他们近用媒介时的顾虑与思考。

结合笔者对全国多个城市发生的冲突性环境事件中公众抗议行动组织过程的观察来看，六里屯居民近用新媒体时的这种困境实际上是普遍存在的。如，广州番禺居民在江外江论坛上发起"晒车贴"行动，结果召集者被警察"请喝茶"，随后行动便以"实地考察后发现道路过窄不适合停车"为由被取消了。

而即便是 QQ 群这样看来起来相对封闭的网络平台也并非安全，虽然名义上群员是包含共同利益诉求的小团体，但由于网友身份本身的隐匿性，其真实身份往往难于核实，所以它本身是带有一些矛盾色彩的传播平台，一方面，为了保障信息交流的安全性，这些 QQ 群通常会采用"认证后通过"的方式来筛选群员，但另一方面，为了扩大利益动员的范围，他们又会将群号发布在各相关业主论坛，对加入者的身份审核实际上也并不严格。笔者对武汉盘龙城垃圾焚烧厂反建事件的访谈就是通过相关业主论坛上公布的反建 QQ 群联系上的，接受访谈的一位业主就表示，原本想帮笔者联系他们的群主，同时也是他们早期反建行动的最早发起者和积极组织者，但后来政府机构有工作人员到该群主所在单位反映了此事，他便不再敢出头了，所以当时的访谈，他也不愿意出面。②

由此可见，尽管新媒体为底层民众抗议表达与行动动员提供了低成本

① 笔者 2009 年 9 月 1 日对北京六里屯居民网络访谈的资料。
② 笔者 2010 年 5 月 22 日对武汉盘龙城居民访谈的资料。

的动员平台，同时借助网络传播的分散性、匿名性等特点在一定程度上规避了政府打压维权精英、瓦解抗争组织的风险，使之成为威权国家社会抗争得以组织和动员的重要突破口（曾繁旭、黄广生、刘黎明，2013），但其组织和动员效用的大小实际上与抗争群体自身的成员数量、素质及其拥有社会资源的多寡等是密不可分。前面提及的六里屯居民的外出宣传活动和番禺居民"晒车贴"活动，同样因行动信息在网络上的公开发布引发政府干预，导致行动消解，但番禺居民的行动虽未能成行却得到媒体的报道，反而取得了更大的宣传效果；六里屯居民的行动虽未得到媒体报道但迫使政府组织居民进行了座谈，也在一定程度上发挥了沟通效果；而武汉盘龙城反建 QQ 群群主被谈话后便极少在群里发言，更谈不上行动组织了，更为重要的是，盘龙城垃圾焚烧厂项目周边都是新开发的楼盘，入住率非常低，关注项目风险的业主原本不多，更不用说行动的积极组织者，在这种情况下，QQ 群群主的主动噤声对整个反建进程的影响就显得较大。

三　媒介近用困境下公众的协商策略

（一）抗议作为弱势者资源

公众参与就其本质而言就是体制外的弱势群体通过表达与行动争取进入体制内，并与决策者分享决策权力的过程，它是对权力资源的一种再分配。因此，在社会运动理论中，运动者向被挑战者发出的抗议常被视为是对政治体制开放度的挑战，在一个体制完全开放或完全封闭的情况下，抗议都不会产生。因为，在体制完全开放的条件下，任何新议题都能很快被吸收进入体制内管道；反之，如果体制结构处于绝对封闭状态，则任何集体行动都将无法改变统治者决定，从而也就遏制了抗议的产生（Eisinger，1973）。在六里屯垃圾焚烧厂事件中，传统媒体分散化的报道以及新媒体传播影响的有限性，导致居民反对的声音引发更大范围的公共舆论，降低了第三方力量介入的可能。在居民正当的利益表达需求难以通过公开渠道获得表达并引发政府有效回应的情况下，行动抗议成为了他们争取自己传播权利的重要方式。

这种行动的产生首先依赖于对体制开放度的一种理性判断。尽管近用媒介的困境和与政府座谈的结果已经使他们感觉到政府强力推动项目的决心，但在动员内部业主人际关系网络投寄申诉信的过程中，业主了解到政府对集体上访很重视。这也就意味着居民如果采取集体行动方式有可能引起高层的注意。基于这种判断,六里屯居民多次采取了行动抗议的方式来公开表达他们对项目的反对意见。其中尤以 2007 年 6 月 5 日世界环境日当天国家环保总局门前的集体上访、请愿最为引人注目。据一位知情记者介绍,6 月 7 日国家环保总局对外发布的新闻稿是当时的环保总局副局长潘岳亲自执笔连夜赶写的,从这一点来看,居民当天行动应该是通过其他管道直接传至了高层决策者[①];而六里屯的 3 位受访者也表示,当天他们从现场回到小区时已经有央视记者在小区等着采访,而他们在某位专家家中也曾看到当天他们国家环保总局门前抗议的视频[②]。新华社的一位记者亦对笔者表示,此类事件虽不能公开报道,但通常都会通过内参渠道反映,在他看来,并非所有事件都要公之于媒体,居民所反映的问题最终也还是需要通过政府部门来解决[③]。这种传播不通过公开的大众传播渠道进行,而是以直达权力中心的内参方式进行,使居民对项目的反对意见得以引起政府关注,推动地方政府吸纳居民意见,避免冲突的进一步加剧。

在此,抗议实际上被作为"弱势者资源"来使用,它本身是一个议价(bargaining)过程。对议价过程中居于弱势地位、缺乏体制内资源,无法借助常规化、制度化的利益协商机制来进行有效表达的普通公众而言,抗议成为他们没有政治影响力的情况下主动创造自己的政治影响力的方式,而他们所争取的回报取决于被挑战者在衡量妥协所可能付出的代价之后做出的让步(Wilson,1961)。在调用媒介资源阻力重重的情况下,集体性的抗议行动成为了缺乏权力资源的六里屯居民以体制外表达方式竞逐体制内权力资源分配,改变政府既定决策,维护公众环境与健康权益,实践对政府决策的有效参与的重要方式,也成功迫使政府重新审视垃圾焚烧项目所可能引发的社会冲突,在民意面前做出让步。这种参与方式虽然通过诉诸直接的行为舆论的方式达到了向政府施压,并迫使其开放公众参与渠道,将"更大范围公众论证"作为六里屯垃圾焚烧厂项目再度启动之前必须完成的程序;但公众与政府就垃圾焚烧项目风险问题进行协商的中间过程并不为外界所知,通过直接的行动抗议所制造的"外压"迫使

---

① 笔者 2009 年 11 月 13 日对北京媒体记者访谈的资料。

② 笔者 2009 年 11 月 7 日对北京六里屯居民访谈的资料。

③ 笔者 2009 年 11 月 15 日对北京媒体记者访谈的资料。

政府作出让步，这本身虽不是作为民主治理手段的公众参与的应有之意，却是制度化、常规化公众参与渠道不足条件下公众为促成协商所采取的策略性行动的体现，同时也凸显了建构制度化利益协商机制对于化解社会冲突的重要意义。

（二）　以人际传播方式展开动员与协商

从运动参与者是理性人的前提假设出发，社会运动的过程其实也可以被理解为参与者积累足以与政治决策者相抗衡的资源的过程，而资源积累的过程又往往是基于对现行体制的体制开放度的把握而采取的一系列策略的行动，或者是遵循利益政治的游戏规则，通过扩大政治联盟来与政府部门谈判协商的过程（参见乔世东，2009），从这个角度说，资源动员本身就是动员者与被动员之间的一种协商过程。

而媒体之所以被社会运动研究者作为重点关注的对象之一，其中一个重要原因就在于媒体具有较强的资源动员能力，能够凭借其自身的社会资源网络优势对运动者的资源动员起到重要推动作用。例如番禺垃圾焚烧厂案例中，媒介的主动介入和持续关注实际上扮演了资源的社会动员者的角色，人大代表、政协委员、政府参事、学者专家等很大程度上都是通过媒体直接调动的资源。然而，六里屯案例中，居民在前文所述的多重媒介近用困境之下，其资源动员实际上主要通过以下三种方式进行：一种是体制内或有规则可循的动员方式，利用体制内有序政治参与管道多属于此类，其主要的动员对象通常是人大代表、政协委员、政府各相关职能部门以及媒体等，动员的方式则包括信访、投诉、申诉、申请行政复议、提起行政诉讼等等；第二种是上文中所讨论的，通过直接的行动抗议向政府决策者施压，达到对权力资源的有效动员；第三种则是体制外根据社会惯习而采取的动员方式，如"找关系"、托熟人帮忙等，从而减少通过体制内渠道解决问题所需支付的时间成本，尽快促成问题的解决（参见孟伟，2006）。

更进一步来看，由于媒介介入的有限性，六里屯居民对这些可能影响政府决策的外部资源的调动很大程度上依赖于居民内部的人际关系网络展开，对媒介资源的动员也不例外。最早从居民视角对六里屯垃圾焚烧厂项目提出公开质疑的北京某媒体记者便是因为其多位朋友住在六里屯周边的居民小区中方才关注此事的，而第一章中曾提及的较早关注此事的全国政协委员某乙对事件的关注也是因为同样的原因。有记者曾对笔者表示，他每天收到的居民寄给他的各种反映问题的材料都一大摞，他一般都只看看信封，有认识的就打开看看，没有就直接让打扫的人当废纸收走了，所以六里屯的人给媒体寄的材料很多可能也落入后一种下场。[1]

这种以人际传播为主的资源动员方式在六里屯居民后期反建的过程中更为突出地表现出来，并直观地反映在他们参与目标的设定上。一方面由于对前期反建过程中媒介近用困境的亲身体验，另一方面则认识到居民自身可调动资源的有限性，他们将行动的目标限定在了"垃圾焚烧 科学选址"上，并通过有意识地限定信息公开传播的范围，给政府"留面子"等来减少其参与过程中影响政府决策时所可能遭遇的阻力，体现出参与者基于特定行动情境表现出的行动策略。在与政府具体展开协商的过程中，"拜访组"是最为重要的方式。居民将媒体对相关项目的政府表态的报道作为判断"拜访"时机的重要依据，采取"找上门"、面对面对话的方式，与政府相关官员就垃圾焚烧、垃圾处理等问题展开讨论。这种讨论不以媒介为中介，减少了信息的衰减。受访的4位拜访组的成员均认为，这种面对面的谈话"效果很好"[2]。但同时，因为缺乏大众传媒作为协商中介，协商过程不仅对社会公众而言缺乏了可见性，甚至连六里屯居民内部的多数人对这种协商过程都全然不知，这也就极大限定了讨论本身的公开性和参与者的多元化。而公开性与利益多元化恰恰是协商的重要内核，在政府决策过程中，通过公开政策依据，人民能够对这些政策的前提和本质提出疑问，它保障公民都能够参与达成共识，阻止秘密的、幕后的政策协定（陈家刚，2004b：336）。这也正如哈贝马斯（2003：362）所说，尽管在公共交往的过程中，通过传播媒介来扩散内容和观点并非唯一且首要重要的事，但是，只有通过对可理解的、引人注目的信息的广泛流传，才能确保对参与者的充分包容。而在现代社会中，大众传媒作为一种信息扩散的最为有效的方式，其作为意见交锋、碰撞与互动的公共舆论平台在公共协商过程中所扮演的重要角色无疑是不容忽视的。

---

[1] 笔者2009年11月12日对北京媒体记者访谈的资料。
[2] 笔者2009年11月4日、11月7日、11月17日对北京六里屯居民访谈的资料。

第二节　番禺案例：以媒体为中介的公共讨论的展开

一　传统媒体与新媒体的互动与共鸣

（一）市场驱动下传统媒体对议题的高度关注

包括事件核心参与者"巴索风云"在内的很多人均认为番禺的成功有一半是需要归功于媒体的。① 而媒体之所以会对此事予以高度关注，并给予长时间持续报道，市场的驱动是不容忽视的一点，同时也是我们理解两个案例中公众媒介近用差异的关键点之一。

"一出现这个事情，作为一个媒体人来讲，要想到他为什么要建，对吧？建哪里，对居民的影响怎么样？他采取一个什么技术，他的整个批复的程序，行政应当走的程序，有没有走到位。……因为这个垃圾焚烧厂，它一建在那里，是跟周边大概有二三十万居民，是受直接影响的。我作为媒体（人）来讲，我肯定会关注他，二三十万高端读者住在那里，我为什么不去关注他啊？我为什么不去做啊？肯定的毫无疑问的。……我们报道之后，第三天是广州媒体，所有的媒体，特别是南方都市报、广州日报越批越厉害。……因为大家都知道这是公众关注的东西啊，你不去做就我一家出头了，读者会拿我的报纸来看不会拿你的报纸来看，这么简单的道理。"② 如案例叙述中所交代的，广州番禺华南板块是伴随广州城市南扩而发展起来的新兴板块，被称为广州人的后花园；尤其是1999年广州华南快速干线的开通，使番禺与广州市区相连，吸引了一大批广州人到此置业，成就了锦绣香江、祁福新村、星河湾、丽江花园、碧桂园等一大批新老楼盘，是一个相对成熟的社区环境。更为重要的是该板块内居住着为数众多的媒体从业者，其中不乏媒体的高层管理者。③ 与北京六里屯垃圾焚烧厂案例相比，项目周边受影响人群的范围和构成的差异是明显的，加上业主内部的媒体资源，使其居民在近用媒介上有着先天优势。而在记者对

① 根据笔者2010年2月5日对广州番禺居民网络访谈的资料以及笔者对番禺业主创建的"绿色环保" QQ群内成员发言的参与式观察。该群人数超过450人。

② 华中师范大学陈科老师和南京大学袁光锋老师2009年11月24日对广州媒体记者访谈的资料。

③ 笔者2010年2月17日对广州番禺居民网络访谈的资料。

事件的新闻价值判断中，媒体对事件的关注与周边二三十万"高端读者"是关联在一起的。"肯定的毫无疑问的"、"这么简单的道理"，这些话语均表现记者在对事件报道价值判断时，实际上是将事件价值与媒介自身市场竞争的需求联系在一起的。而另家媒体的记者甚至自己都感觉到其所在媒体对该事件的关注过于偏向居民意见，不够客观，但"如果××报不偏向民意，可能在广州就生存不下去了"。① 可见，媒介市场的竞争压力是促使媒体不约而同高度关注此事的重要原因。

但也有记者指出，在 2009 年 10 月 30 日广州市番禺区市政园林局召开情况通报会之前，他们对居民的强烈反对声音并不理解。因此，其所在媒体对事件的报道相比于同城其他媒体是偏弱的。直到情况通报会后，与会的几位专家被网友指为与焚烧利益集团存有关联，同时，李坑村民癌症率高发等线索又不断出现，他们对事件价值才有了重新判断，认为是关乎"公共安全"的重大事件。② 而从该报报道量的逐月分布情况来看亦的确印证了他的这种说法。③ 故而，笔者认为，在此过程中，市场对传统媒体主要起的是驱动作用，或者说市场力量赋予了番禺居民的意见表达以相对显性的可见度，使相关争议能够进入媒体视野、为媒体所见，使得与政府决策相关的各类信息有可能通过多元化的信源渠道进入媒体报道视野，引发公众更大范围的讨论，促成了媒体对于事件性质的重新界定，政府决策的公共性、决策牵涉的公共利益等也因此成为媒体持续关注的话题。

换言之，新闻专业主义所强调的"公共利益"虽然无疑是媒体所追求的一种价值目标，但在同样牵涉"公共利益"的相似事件中，④ 不同的公众构成却可能成为影响事件本身所包含的"公共利益"能否为媒体所见的重要影响因素。或者说，不同社群对媒介市场竞争影响力的大小影响

---

① 笔者 2009 年 11 月 18 日对广州媒体记者访谈的资料。

② 笔者 2009 年 12 月 25 日对广州媒体记者网络访谈的资料。

③ 以"垃圾焚烧"为关键词在该报网站检索相关报道，以 2009 年 9 月 25 日报道开始到 2009 年 12 月 21 日项目被停建为选择时段，排除重复数据共找到相关文章 73 篇，其中包括评论和对其他国家或地区垃圾焚烧的介绍性资料。其中 9 月 2 篇，10 月 5 篇，11 月 34 篇，12 月 32 篇。确实表现出在 10 月 30 日番禺区市政园林局组织的项目情况通报会后，该报报道对议题重要性的判断显著强化的趋势。

④ 如果单纯从项目选址问题来看，北京六里屯项目对公共利益的影响其实要更为显著，因为它不仅位于北京上风口，同时又距离北京市重要饮用水源京密引水渠较近，但其所牵涉的公共利益问题却并未能得到媒体记者的普遍关注。

着与他们相关的公共利益对媒体的可见性的大小。

（二）作为媒体常规化信源的网络论坛

以网络论坛为代表的新媒体传播技术的开放性与便利性为公众的政治参与与民主协商实践参与提供了跨越空间、时间限制的讨论空间，扩大了公民的政治参与的机会（陈剩勇、杜洁，2005）。而网络自身的开放性、平等性和去中心化的特色与协商民主对公共讨论的公开、平等、自由的内在要求则又是相互吻合的。但是，如前节中所述，在具体传播实践中，这种公开实际上具有"双刃"效果，在为行动动员者提供低成本的便捷动员渠道的同时亦有可能带来新的对于传播的外部限制，此时，差异化的媒介近用对居民网络动员的影响就表现出来了。

例如北京六里屯居民因为行动计划事先公开而导致行动者未出小区即被城管人员拦截；而广州番禺居民"晒车贴"的活动也是通过网络论坛召集的，结果召集者被警察"请喝茶"后主动取消了活动。但有趣的是，这一"晒车贴"行动非但没有因为被取消而无法产生宣传效果，反而因为《南方都市报》的详细报道放大了居民的声音。更值得关注的是，报道明显站在支持业主的立场，通篇采用的都是业主信源，警方传唤业主的理由也采信的是业主说法，并未出现任何一个官方直接信源。这与媒体报道六里屯居民反建行动过程中以官方为叙事主体的报道方式亦存在明显差异。不仅如此，报道还通过"用事实说法"的手法，突出了业主诉求的理性色彩和政府干预下业主利益表达的不易，如报道标题中结构的理性诉求与官方回应间的矛盾，一边是"网贴号召晒车"，另一边却是"深夜被传唤"；报道正文亦强化了这种矛盾，业主发帖目的是为了"要合法地发出我们理智的声音，支持建设和谐社会，建设美好番禺！"，而警方传唤的原因则是"涉嫌组织煽动非法集会"，而双方冲突的结果是业主凌晨返回家后发帖取消了集会。① 整个报道虽然对事件未着一字主观评论，但支持业主理性表达自身利益诉求的态度却凸显。传统媒体的这种介入不仅消解了政府对公众行动的外部控制，扩大了垃圾焚烧风险议题的公众关注面，同时也使得居民"反对垃圾焚烧"利益诉求的"公共性"和"正义性"得以确立。这与六里屯居民近用媒介困境下被高度简化的利益诉求

---

① 许小蕾、邓婧辉：《网贴号召晒车　深夜被传唤》，《南方都市报》，2009 年 11 月 2 日 GA04 版。

表现得截然不同。

此外，番禺居民"巴索风云"发邀请函邀请番禺区政府官员到小区与居民进行座谈一事也同样是得益于媒体的跟进才促成了最后的有效对话；而相比之下，六里屯居民发起的"一人一封信"以及邀请海淀区官员到小区座谈等行动则均未得到媒体报道，尽管这些行动或多或少还是对政府决策者产生了一定影响，但从扩大公众参与的知情权和参与权的角度来说，其效果显然远不如借助媒体平台进行扩散传播的效果好。换言之，底层民众作为缺乏渠道资源和权力资源的公共政策制定的弱势参与者，在其试图参与并影响政府相关决策的过程中，传统媒体实际上扮演了对占优势地位的官方权力资源进行主动动员的角色，迫使政府在媒体建构出的外部舆论压力下采取更为积极主动的方式与公众进行协商。

从这个角度说，在媒体积极介入公众参与的特定议题的前提下，业主论坛作为传统媒体常规化信源的结果，实际上相当于以传统媒体为桥梁为公众与政府之间的对话与协商建构了一个开放空间。因为，对于新闻生产而言，消息来源时常是影响媒体报道的关键性要素，它既是媒体新闻生产得以有序进行的重要保障，但同时也是外部力量操纵传媒内容的关节点（Sigelman，1973；Roshco，1994；Tuchman，1972；塔奇曼，2008；舒德森，2006；郑瑞城，1991；喻靖媛、藏国仁，1995）。

不难发现，六里屯案例中媒体以政府信源为主导的报道不仅使居民的声音难以获得表达，同时也使居民的行动在缺乏媒体公正报道的情况下不易为外界公众所理解。对比六里屯案例中居民对新媒体的近用情况来看，而以江外江论坛为代表的番禺业主论坛不仅包含有记者资源，同时议题本身自启动开始就得到同城多家媒体的集中关注，成为一个"热点议题"，这也就使得论坛上业主们主动公开的行动信息更易于为媒体所发现并报道，使行动的理性诉求得到外界关注。这种媒介近用的资源优势对番禺居民而言是获得了行动上的易见性，对记者而言则意味着紧密的利益相关性、接近性以及获取新闻线索与采访资源的便利性，使得原本难以预见的公众行动被纳入到了可以预期的新闻生产活动当中。而对于作为企业的媒介组织来说，新闻生产活动的可预期性和可控制性是机构有序运作的保障（Roshco，1994），业主论坛上及时更新的业主行动信息使得他们的行动本身对媒体而言有了可预期性，大大提高了新闻生产的效率，促成了传统媒体与新媒体之间的积极互动。

在整个事件过程中，网络论坛不仅作为传统媒体的常规化信源，使番禺居民的意见表达和行动过程得以面向更广泛的社会大众，扩大了讨论范围，促成了公共舆论的产生；同时，从首先经由网络论坛披露出的一系列重要信息来看，以网络论坛为代表的新媒体的确具有冲击传统媒体权威性的潜能，而传统媒体则往往通过对自身新闻常规的调整来吸纳这种冲击，维护自身的权威。

例如，2009 年 9 月 24 日新快报报道中，番禺区市政园林局相关官员表示"选址大石已经是最优选择"！10 月 17 日，江外江论坛上就有业主查出《广州市番禺区生活垃圾焚烧处理系统规划》对垃圾场选址提出了11 个候选点，而最终确定的一个推荐方案和两个备选方案均没有大石这一选址，以此回应官员对媒体的表态①；很快，新快报和南方都市报分别在 2009 年 10 月 29 日和 11 月 4 日报道了番禺垃圾焚烧厂选址的过程及原因②，回应并补充了网络论坛的消息。而随后的网民曝光参加番禺垃圾焚烧项目情况通报会的专家与垃圾焚烧利益集团存有关联、广州市政府副秘书长吕志毅的亲属供职于垃圾焚烧企业、"史上最牛环保妹妹"等信息也均首先从网络传出，继而得到传统媒体的关注和报道。这种传播过程一方面体现出新媒体对底层民众的传播赋权作用（参见邱林川，2008），另一方面则体现出作为展示未被传统媒体所确认的议题、意见或社会现实的场所的新媒体对传统媒体的挑战。在此情况下，传统媒体通过将这些事件吸纳到现存的常规与价值框架中进行报道，缩小了新媒体空间所展现的社会知识和现实跟传统媒体所展现的社会知识与现实之间的差距。而网络作为底层民众的表达空间能够得以成为传统媒体的常规化信源则本身即体现出新媒体对传统媒体新闻常规的修订作用。（参见李立峰，2009）通过这种修订，公众的意见表达得以更为容易地进入到传统媒体公共领域之中，而传统媒体对网络论坛的关注也同时扩大论坛自身的影响力，使新媒体公共领域得到拓展。

---

①　Hxy0083：《垃圾场选址最优方案的真相，大石不是当初推荐或备选方案》，2009 年 10 月 17 日，江外江论坛（http: //www. rg - gd. net/viewthread. php? tid = 172797&extra = page%3D136）。

②　辛捷恺等：《网帖曝广州番禺垃圾焚烧厂曾有 11 个候选点》，2009 年 10 月 29 日，《新快报》A07 版。林劲松：《番禺垃圾焚烧发电厂选址大石会江村始末》，2009 年 11 月 4 日，南方都市报 AA01 版。

（三）新媒体公共领域的拓展

番禺垃圾焚烧厂事件中，新媒体公共领域对公众参与发挥了重要作用，不仅是业主进行资源动员和行动动员的有效手段，同时也是揭示政府和部分专家意图遮蔽的垃圾焚烧政策的利益偏向和真实风险，满足作为公众参与的知情权需要的至关重要的媒介管道。将整个事件中至关重要的网络论坛——江外江论坛作为我们考察该事件中新媒体公共领域变化的一个观察点，我们不难发现，整个过程中新媒体公共领域的边界并非一成不变的，而是在随着事件进程而逐渐发生变化的，不断拓展开的一个供来自全国各地的关心垃圾焚烧与环境保护问题的公众进行理性、开放、平等讨论的公共平台。这里所谓的新媒体公共领域的拓展主要体现在三个方面。

其一，参与讨论的理性个体数量的增多，以江外江论坛为例，江外江最初只是丽江花园小区业主的公共论坛，参与的讨论主要以丽江花园的业主为主，而随着行动的展开，周边海龙湾、祈福新邨、广州碧桂园等小区的业主也陆续加入到了讨论之中；而随着传统媒体的报道和事件影响的扩大，广州其他区（如李坑、花都、佛山）乃至北京、上海、南京、武汉等全国各地反对垃圾焚烧或关注垃圾焚烧问题的公众也加入了该论坛的讨论，使得参与讨论的公众规模逐渐扩大。其二，公众讨论的话题范围逐渐拓展，讨论话题从国外垃圾焚烧的发展历程、垃圾焚烧的相关法律法规、国外有关垃圾焚烧危害的相关研究和调查报告、垃圾处理的其他技术等技术层面的问题到垃圾分类的具体操作建议等，再到对地方政府垃圾和中央政府垃圾处理政策的建议与讨论，可以说包括了垃圾处理这一公共事务管理的各个方面。其三，与其他公共领域互动关系的拓展。上文中提及的作为传统媒体常规信源渠道的江外江论坛体现的是新媒体与传统媒体之间互动关联的建构，在传统媒体因外部政治压力而失声或难以公开报道某些信息时，新媒体相对开放与自主的传播优势便充分体现出来，与传统媒体形成了互补；而在新媒体因为信息公开而引发的行动被迫取消的情况下，传统媒体的报道又承接并放大了公众的利益表达。此外，不同论坛之间相互关联的建构同样拓展了新媒体公共领域的空间。

值得注意的是，很多地方的居民在反对垃圾焚烧的过程中都建立了自己的网站或论坛，例如北京六里屯居民的绿色百旺（http：//www. lvse-baiwang. com/），北京阿苏卫业主的奥北论坛（http：//www. myaobei. com/），后者也设立了专门的垃圾焚烧专题讨论的版块，但均未能像丽江花园业主的江外江论坛这样成为各地公众关注垃圾焚烧的公众公共讨论的平台。在这个过程中，传统媒体对事件的高度关注以及传统媒体与新媒体之间的相互"转引"固然是扩大事件影响，吸引公众注意的重要因素，但是，如果没有公众积极主动的参与、开放理性的讨论，那么新媒体公共领域的建构与扩展也就无从谈起。换言之，公共领域本身就是多元的，其边界也并非一成不变的，而对于公共事务的讨论则往往是于多种公共领域同时展开的，公共领域构成了公众参与的途径和前提，而公众参与则是公共领域得以形成和扩展的条件（参见汪晖、许燕，2006）。

　　对比六里屯垃圾焚烧厂事件可以发现，这种拓展的新媒体公共领域对于公共讨论中的个体偏差具有矫正作用，这种矫正不仅体现在对偏激情绪、偏激观点的安抚与纠正上，同时也体现在对个体表现出的私利偏好的矫正上。或者说，协商参与者的多元主体构成扩大了讨论内容的多元化，在互动的话语交谈中，参与者基于自身利益而表现出的对于特定目标（如仅反对在当地建垃圾焚烧厂）的倾向性与选择性的偏好能够获得公开表达，但同时也倾听并理解他人，利用批判性的思考与理性观点对作为公共政策的垃圾焚烧政策作出反思，他们能够在互动中根据他人的立场而改变自己的判断、偏好和观点，这一点在番禺居民在事件后期对垃圾焚烧技术的公开网络辩论中表现尤为突出，也正是在这种辩论中，垃圾焚烧存在的合理性得到确认的同时，垃圾处理以分类和减量化为前提的原则也同时得到了确认。因此，对于公众参与而言，借助新媒体传播而拓展的讨论空间不仅为公众参与行动缔结了更为完善的外部支援网络，同时也借助多元意见的交流与碰撞，促成了参与者对垃圾焚烧政策更为理性的认识与判断，提升了公众参与自身的品质。

二　媒体介入对公共讨论品质的影响

（一）从利益诉求到权利诉求

　　不同于北京六里屯居民传播与行动过程中对垃圾焚烧项目"科学选址"的强调，尽管这种表述本身是缺乏制度化保障的公众参与过程中居民的一种话语策略，但客观地说，它所体现出的更多是一种集体利益诉求而非公共利益诉求。而从广州番禺居民行动之初发出的倡议书的内容来看，这种利益诉求表现得同样明显——"政府不顾我们华南板块30万业主的健康、生命、投资利益，不择手段，执意建这个危害无穷的垃圾焚烧发电厂。如果这个发电厂建成，我们华南板块的房子将没有人买。或者只能低价贱卖！作为一般的打工阶层，在房价高起的现在，买一套房子谈何容易啊！谁不是一边含辛茹苦地为老板打工，一边每个月偿还银行的贷款！政府一个决策，就让我们资产大幅缩水，甚至变成负资产，合理吗？各位业主，你们答应吗？!"① 番禺业主阿加西在接受央视记者采访时也曾说"我们只是希望政府能尊重我们的意见，百姓没有什么防线，除了守着自己一个小房子，还有什么东西能守呢？"② 在一系列因垃圾焚烧而引发的冲突性环境事件中，居民对垃圾焚烧项目的反对首先都起因于自身生存权、健康权、环境权所受到的威胁，是为了维护业主集体利益而采取的集体性维权行动。

在居民维权过程中，媒体不仅关注事件中公众参与的具体过程，同时也不断通过刊发社论、来论等方式对公众参与的意义进行诠释，强调政府民主决策的重要性，赋予番禺居民的行动以公民权利实践的意味。尤其是2009年11月23日番禺居民在广州市政府门前喊出了"尊重宪法"、"要求对话"等口号后，媒体的大量报道都开始强调居民行动所体现出的公民意识、公民精神，努力建构起一种公民身份认同。

中国新闻周刊上的评论认为，既往公众的很多维权行动对政府决策的推动效果都体现出"非意图的后果"，而番禺居民的维权则体现出"公民身上更为积极的一面"③ 新快报的评论则将番禺居民的行动视为"公民自治"的宝贵经验，认为在该事件中"'人民'不再是一个空洞而抽象的符号，而是一个个理性而成熟的公民"④；《时代周报》则将番禺居民反对垃圾焚烧的行动列为"2009年十大公民行动"之首⑤，《南方人物周刊》则将行动中发挥重要作用的几位居民作为2010年第一期杂志的"封面人物"，把番禺居民与勇敢捍卫自身权益的普通人邓玉娇、唐福珍等，有良

① Kingbird：《关于垃圾焚烧厂统一的倡议书》，2009年10月17日，江外江论坛（http：//www.rg-gd.net/viewthread.php? tid=172753&highlight=%2Bkingbirdogd）。

② 《广州番禺区建垃圾焚烧发电厂遭周围居民反对》，2009年11月22日，中央电视台新闻调查（http://news.sina.com.cn/c/sd/2009-11-22/133019103017.shtml）。

③ 秋风：《公民维权的建设性》，2009年11月26日，《中国新闻周刊》（http://news.sina.com.cn/c/sd/2009-11-26/111519132701_3.shtml）。

④ 番禺经验：《以公民自治推动公共决策》，《新快报》，2009年12月14日A02版。

⑤ 李铁：《2009年十大公民行动》，2009年12月24日，《时代周报》（http://www.360doc.com/content/09/1225/20/142_11974033.shtml）。

知的专业人士、有进取心的媒体记者
以及锲而不舍的"公共预算观察"志
愿者团队等并称为中国社会发展的
"推动力量"，认为"正是由一个个公
民微动力的聚合推动，中国的崛起才
有了最为扎实的根基"①；而《半月
谈》亦将番禺居民反对垃圾焚烧厂事
件列入了 2009 年中国公民社会的十
大事件之中②。这些报道内容同时也
被居民转载至各大业主论坛，被认为
是对他们行动意义的证明。

《南方人物周刊》2010 年 1 月 4 日第 1
期封面，中间人物即为番禺业主"樱桃白"。

　　番禺的一位受访者在向笔者总结
他们行动的成功经验时说"为什么他
们（注：指媒体）提到公民的觉醒？
这点才重要。就是如何和政府对话，
如何合理抗争，但是又有效果"③。更
有业主在论坛上发出了"从今天起我要做一个公民"的号召，动员大家
积极参与新一届区人大代表的选举，以实际行动践行自己的"选举权"，
而有业主在跟帖中亦提出"和谐社会，从认真对待人大代表选举开始"④。
相比于六里屯受访者将人大代表"不是人民选的"、"不是为人民的"简
单归入体制弊病之中，番禺居民的表述显然表现出更为强烈的公民权利实
践的意识。

　　在媒体与公众相互呼应或互为参照的话语表述中，媒体对番禺居民参
与行动的意义诠释与公众对于这种诠释的吸纳与认同乃至于进一步转化为

---

　　① 《推动者有力量》，2010 年 1 月 4 日，《南方人物周刊》（http：//blog. sina. com. cn/s/
blog_ 4c8629f90100ghnc. html）。

　　② 《〈半月谈〉评选 2009 年中国公民社会十大新闻 广东召开首届网民论坛入选公民社会十
大新闻》，2010 年 1 月 1 日，《南方都市报》（http：//news. nfmedia. com/nfdsb/content/2010－01/
01/content_ 7734419. htm）。

　　③ 笔者 2010 年 2 月 5 日对广州番禺居民网络访谈的资料。

　　④ 云游：《今天起，我要做一个真正的公民》，2010 年 3 月 5 日，江外江论坛（http：//
www. rg－gd. net/viewthread. php？tid＝191360&highlight＝%B9%AB%C3%F1）。

实践的过程其实也就显示出我国公民社会发育的一种微观机制。或者说，媒体对行动者公民身份和公民权利的引导与强调，不仅推动着特定案例中行动者对自身行动意义与价值的判定，更为重要的是，媒体的这种报道推动了居民对自身公民身份的确认，同时也为社会其他公众树立了公众参与、公民自治的典范，表现出媒体介入下的公共讨论在唤醒公民意识、培育公民美德方面的积极作用。

（二）从决策参与到政治议程设置

Bachrach 和 Baratz 在 1962 年曾发表了一篇题为"权力的两面（Two faces of power）"文章，文章指出了研究领域中社会学家和政治学家对于权力概念的不同界定的显在事实，社会学导向的研究者坚持认为权力是高度集中的，而接受政治学研究训练的人则通常认为在他们的政党中，权力是非常分散的，这种分歧实际上只是因为双方理论的预设前提不同，权力实际上原本存在两面，影响决策进程和影响议事日程的设置构成了权力的两面，而后者其实是更为重要的权力体现。从这个角度理解，我们可以将公众参与划分为两个维度，即对特定决策的参与和对政府政策议程设置的参与。如果说六里屯居民最初反对垃圾焚烧厂的行动只是成功阻止了该项目的如期建设，并迫使政府重新考虑项目选址的问题，表现出公众参与对决策进程的影响的话；那么番禺居民反对垃圾焚烧厂的行动则将垃圾处理这个一直被政府忽视的议事日程加入了政府议程之中。

在公众参与的推动下，番禺区政府启动了垃圾处理的全区大讨论，并在全区推进垃圾分类试点工作。正如案例叙述中所交代的，作为对番禺区政府启动全区大讨论的回应，居民主动向番禺区政府官员发出了请他们赴小区与居民进行面对面对话、讨论的邀请。参加当天座谈的番禺区区长也明确向居民表示，番禺大石垃圾焚烧厂项目已经停建。这标志着番禺居民的参与行动取得了实际效果，影响了政府既定的决策。2010 年 3 月初，全国两会召开前夕，番禺居民又向全国人大寄送了一封公开信，呼吁中央政府"以国家意志引领垃圾处理向正确方向发展"[1]，表现出对国家公共政策决策的主动参与意识。如绪论中所言，我国政府虽在 20 世纪 90 年代

---

① 巴索风云：《致全国人大的公开信：以国家意志引领垃圾处理事业向正确方向健康发展（新编辑版）》，2010 年 3 月 19 日，江外江论坛（http：//www. rg－gd. net/viewthread. php？tid＝190800&extra＝page%3D1%26amp%3Bfilter%3Ddigest）。

就开始推行垃圾分类，但一直以来收效甚微，公众的参与能否改变这种局面，促使中央政府将垃圾处理工作纳入政府议程仍是一个有待进一步观察的问题。就目前所观察到的番禺居民反对垃圾焚烧的参与过程而言，得益于媒体、新媒体与社会公共论坛等多元公共领域中意见的互动与共鸣，以及各地接连发生的居民反对垃圾焚烧过程中所形成的共识效应，公众议程对政府议程的影响已是显见的事实。①

可以说，就广州番禺垃圾焚烧厂案例的公众参与而言，它所表现的是一种以媒体为中介的政策协商过程，对比六里屯垃圾焚烧厂案例的公众参与过程不难发现，这种以媒体为中介的公众参与因为媒体自身的可见性与开放性，使问题得以面对大范围公众，同时也对政府权力构成了公共舆论约束，给决策者带来了政治风险。在公共舆论的强烈反对之下，政府如果一意孤行地推进垃圾焚烧项目，那么其决策的民主性、合法性无疑都将受到社会的广泛质疑，这也就迫使政府对公众的意见不得不做出更为积极的回应，使得番禺居民的行动在较短时间内便取得了阶段性的胜利，并上升到对国家垃圾处理政策的公共讨论层面，就公共讨论本身而言，表现出较六里屯居民参与过程中的公共讨论更高的讨论品质。

小结 媒介近用对公众参与目标及路径的影响

一 "理性"行动者依据行动风险最小化原则设定参与目标

公众参与作为以影响政府决策为目的，以对话、协商、沟通为核心特征的现代民主形式，同时也是有效避免或化解社会冲突及风险的利益协商机制。尽管就公共决策的公众参与而言，大众传媒并非唯一管道，但是，从本章分析中不难发现，由于我国目前的公众参与尚缺乏制度化、常规化的法律法规保障，公众参与的知情权、表达权、参与权和监督权的实现很大程度上均需依赖于大众传媒。在同样遭遇媒介近用困境的情形下，两地居民都采取了"集体抗议"的表达方式，而他们对集体抗议"时机"的

①　从全国多地开始大力推行垃圾分类到国家发改委对垃圾焚烧发电企业价格补贴政策的调整，现实层面发生的这一系列变化可以说都与相关事件中公众理性参与过程中与政府的良性互动紧密相关。

选择同样体现出理性行动者对于有效规避行动政治风险的策略考虑。六里屯居民选择"世界环境日"当天到国家环保总局门前表达他们的"环保"诉求；番禺居民则选择了广州市城管委等多部门的"公开接访日"去上访，反对番禺垃圾焚烧项目，呼吁政府民主决策。但就公众整体参与过程而言两地居民媒介近用上仍具有明显差异，这种差异深刻影响了他们对于各自参与目标的设定。

换言之，媒介近用的难易程度往往成为行动者评估行动风险的重要依据。特别是在公众环境意识迅速崛起的背景下，冲突性环境事件的爆发可以说具有鲜明的"利益驱动"色彩，近年来引发社会广泛关注的各地反建垃圾焚烧厂事件、反建 PX 项目事件皆表现出相似的行动逻辑。可以说，这种"利益驱动型"公众参与无不是以特定项目决策意见的修订为首要参与目标的。但在不同参与背景下，参与者遭遇的行动阻力各不相同，故而他们所采取的行动与表达策略也表现出明显差异，在公共话语空间中建构出的参与目标也不尽相同。

对于北京六里屯居民而言，由于缺乏对媒介资源进行有效调动的能力，他们公众参与的传播实践过程中遭遇到了种种传统媒体媒介近用上的困境，其公众参与的利益诉求在媒体文本中被简化为"因不堪六里屯垃圾填埋场臭气扰民之苦而反对六里屯垃圾焚烧厂"这样的"利己"逻辑，未能有效成为社会关注的公共话题。这进一步限定了居民资源动员的范围及有效性，使得他们对政府决策意见的表达实质上主要是通过体制内的行政管道来完成的，包括信访渠道、人大政协渠道以及行政诉讼渠道等，由于这些渠道的信息传播相对封闭，不易为外部公众所知晓，故而也不易于对决策者形成公共舆论压力，使得居民通过多元渠道修订政府既定决策的进程不仅缓慢而且波折不断。

垃圾焚烧风险认知上的局限性和媒介资源动员上的有限性不可避免地影响了六里屯居民参与目标的设定。六里屯受访者曾在访谈中提及厦门 PX 事件和番禺垃圾焚烧厂事件，并多次强调六里屯事件和他们"没有可比性"，除了北京特定的政治环境外，另一个重要原因就在于传播环境不同，"我觉得厦门那块，我觉得连岳起了很大的（推动）作用，因为连岳本来是媒体人嘛，《南方周末》的主笔，所以连岳在运用媒体的时候，用的非常漂亮……完全是个媒体人的智慧"，而番禺事件中"媒体更开放"；相较之下，他们最初在网络上讨论时，"写垃圾焚烧都不让，只能用英文字母代替"，更不用说媒体或媒体人对事件的积极引导了。① 在资源有限情况下，"为政府纠错"成为他们建构自身行动"正义性"与"合法性"，降低行动风险的重要参与策略。在六里屯垃圾焚烧厂项目决策上，海淀区政府当年瞒报填埋场周边真实环境风险在前，不按环评要求对周边居民进行整体迁移在后，已经失信于民；同时，由于政府后续规划不当，导致项目选址地周边现在已是人口稠密、环境敏感点多，且选址又位于城市上风口，导致项目环境风险剧增，背离中央相关文件精神，存在明显的决策不当。因此，在居民看来，只要紧扣这些失当之处，他们的反建诉求就能站住脚。"不反对垃圾焚烧，但强调要科学选址"成为他们整个反建过程中非常核心的一个可见利益诉求，其参与策略可以说打的是"情感牌"：即民众换位思考，体谅政府垃圾处理的不易；但也希望政府换位思考，体谅六里屯居民长期以来所受的垃圾污染之苦。这种参与目标设定亦可以被理解为是六里屯居民基于参与所处特定政治、社会与媒介环境，为确保参与的快速有效性，维护自身环境权益，迫使政府修订既定错误政策而确立的行动阻力最小化的参与目标。

　　这与番禺居民在公共话语空间中建构出的"倡导垃圾科学处理"的参与目标的确具有显著差别。

　　事实上，结合个案叙事来看，番禺居民最早发出的倡议书——"坚决反对番禺大石垃圾焚烧发电厂30万业主生命健康不是'儿戏'"同样反对的是垃圾焚烧厂选址不当，危害居民健康；此后，应对网络上出现的番禺人自私，认为垃圾哪里来就应该在哪里解决的说法，多位业主和中山大学郭巍青教授都在网络发表言论，引导番禺居民从狭隘的"邻避"诉求转向环境保护诉求（参见曾繁旭、黄广生、刘黎明，2013），而媒体对议题的报道也重点突出了番禺居民反建过程中表现出的"公民意识"、"公民力量"，对他们的行动与表达起到积极引导作用。换言之，媒体在成功扮演资源动员者角色的同时更建构起参与者的一种"公民身份"认同，这不仅为参与者的利益表达与行动诉求赋予了道义上的"正义性"，同时也赋予了法律上的"合法性"，能够帮助参与者有效规避行动风险，这一点将在第四章进一步予以讨论。

　　在此背景下，番禺居民的公众参与目标在公共话语空间中表现出相对

---

① 笔者2009年11月4日、11月7日北京六里屯居民访谈的资料。

清晰的转轨轨迹，即单纯环境维权（反对垃圾焚烧厂选址不当）——提出环保诉求（反对垃圾焚烧）——倡导政策修订（讨论垃圾处理公共政策）（参见曾繁旭、黄广生、刘黎明，2013）。透过本章第二节的案例分析可以进一步发现，这种转轨与他们近用媒介上的便利紧密相关。一方面，广州毗邻港澳，是我国改革开放的前沿阵地，也是我国媒体体制改革的先锋城市，相对宽松的政治与舆论环境为市民社会的培育提供了良好土壤；另一方面，番禺垃圾焚烧厂项目选址周边拥有多个业主上万人的大型成熟社区，拥有包括传媒精英在内的诸多社会精英资源，而 30 万高端读者群又在一定程度迎合了媒介市场竞争的需求，使得番禺居民无论是在近用媒介的便利性还是近用媒介的传播策略上都更具优势，吸引了媒体对事件持续性的关注报道。在此背景下，番禺居民新媒体的传播实践也表现出不同于六里屯居民的强效果，该案例中的新媒体在整个公众参与过程中体现出为底层民众进行传播赋权的作用，修订了传统媒体的新闻常规，成为传统媒体常规化的消息来源，进一步推动了新媒体与传统媒体之间的互动与共鸣，为不同利益群体的利益与意见的表达与协商提供了开放空间。这种开放的表达空间不仅对番禺华南板块居民起到了广泛的动员作用，同时也使人大代表、政协委员、专家、学者乃至垃圾焚烧行业内部的知情人士等共同参与到了有关垃圾焚烧风险的辩论中。

其至可以说，正是番禺居民持续的反建行动将北京、广州两地政府面临的决策争议建构为了在全国范围内具有"公共性"的重大风险决策议题，迫使决策者对既往的垃圾处理决策做出检讨与反思，并将迟滞的垃圾分类工作重新提上政府日程，使番禺居民的公众参与超出了对特定地点特定项目决策的参与，上升为对地方乃至中央政府垃圾处理公共政策议程的设置。

二 差异化的媒介近用促成公众对参与路径的差异化选择

通过对六里屯和番禺两个案例中公众媒介近用状况及其行动路径的分析可以看到，媒体作为公众参与的体制性表达管道，它对特定议题中公众利益诉求表达的充分与否不仅深刻影响着他们对自身行动意义的认知与建构，影响着他们参与目标的设定，同时也影响着他们对参与路径的理性选择。

六里屯居民近用媒介的困境使得他们的公众参与更多通过体制内的信

访渠道、人大政协渠道和行政复议、行政诉讼等司法渠道进行，这些表达渠道的一个共同问题在于缺乏快速、有效的信息反馈机制，对底层民众利益诉求难以作出及时准确的答复，尤其是通过司法渠道进行的利益抗争，往往费时费力。"他们也找了政协委员，通过各种渠道，还是发挥了一定作用。但这个问题很复杂，涉及政府力推的项目，涉及博弈。我觉得普通居民跟政府博弈呢，你单方面的博弈肯定是很弱势的，只能通过一些现有的、政府规定的程序去跟政府对话，让他们给你回话，但这样的话其实是很被动的。这些渠道即使是畅通的，但我可以敷衍你，比如规定 7 天必须答复，但我可以模棱两可敷衍你，一样解决不了问题，所以说这个事呢，公众参与如果能够跟媒体联合，那情况就不一样了，如果媒体能长期关注、持续关注的话，对问题解决的进程会有比较大的影响，或者说这个博弈的力量会相对均衡一点。"① 受访记者的这段表述实际上充分表现了我国公众在参与政府决策过程中所遭遇的普遍困境，在缺乏媒体积极介入的情况下，普通民众与政府的博弈实际上是力量悬殊的，而媒体积极介入营造的外部舆论压力能够一定程度上改变这种力量对比，迫使政府重视并尊重民意，使理性、有效的公众参与成为助益政府科学决策的积极力量。

　　但在缺乏媒介资源支持的情况下，六里屯居民诉诸体制内公众参与渠道的传播实践也并不顺利。一方面，居民通过信访渠道投送的申诉信石沉大海；另一方面，通过行政复议渠道对政府相关决策提出的质疑则都遭到了否决。媒体发声困难，体制内其他参与渠道失效，这些因素促使居民不得不转而采取"集体抗议"的方式公开表达他们的利益诉求，于是有了2007 年 6 月 5 日世界环境日当天上千居民聚集在国家环保总局门口反对六里屯垃圾焚烧厂的行动。可以说，行动抗议成为了他们竞逐体制内权力资源的重要方式。通过行为舆论对政府决策者造成的外部压力，他们方才争取到了与政府进行平等对话与协商的机会。

　　有了国家环保总局对该项目"在更大范围的公众参与之前不得开工"的缓建决议，六里屯居民反建行动的合法性方才得以确立，但 2009 年北京市政府再度将项目列入当年北京市重点建设项目，并多次透过媒体表示项目建设将坚决推进后，六里屯居民在前期公众参与形成的"路径依赖"基础上，选择了以反复"拜访"加"集体行动"为主的参与路径，一方

①　笔者 2009 年 11 月 5 日对北京媒体记者访谈的资料。

面根据政府言论多人次多批次到各政府相关机构强调国家环保总局的缓建决议要求，沟通垃圾处理政策；另一方面，选择有利时机策略性地组织"集体行动"，如2009年世界地球日前夕，居民通过打电话方式自发组织了四五十辆车分五路到海淀区各地宣传垃圾焚烧环保知识并征集市民签名，并将签名条幅送至国家环保部，表达居民对该项目决策的持续关注。

　　从公众参与角度来看，六里屯居民媒介近用的困境下所选择的相对"封闭"的参与路径使得他们的利益诉求、政策诉求对外的可见度较低，这在很大程度上限定了参与相关议题讨论的公众人数，限定了意见多元化的程度，同时也限定了参与者对特定风险认知的水平，无法在更大范围内建构起公众的利益认同感和主动参与政府相应决策的积极性，当然也限定了居民在公共话语空间中为其反建行动赋予正义感和合法性。然而，对于垃圾焚烧政策所关涉的风险而言，它所涉及的不仅仅是六里屯这一区域内特定公众的利益，该政策的参与也不应将受政策影响的其他公众排除在外。从这个角度说，媒介近用困境下六里屯居民公众参与的路径选择与目标设定是相互关联、相互影响的两个因素，共同限定了其公众参与的层次。

　　相比之下，番禺居民公众参与的路径与目标同样相互影响。尽管在遭遇媒介近用困境的情况下，集体抗议同样成为他们竞逐体制内权力资源的重要方式，但整体上看，番禺居民的绝大多数表达行动都得到了媒体资源的大力支持，尤其是借助业主论坛与传统媒体的强力互动，番禺居民的参与行动得以一定程度上突破六里屯居民遭遇的体制内参与渠道的局限，获得了政府更为积极的回应，同时也推动了番禺居民公众参与目标的积极调整。

　　其中较为典型的行动互动包括业主论坛发邀请函，邀请相关官员及专家每周末亲临各个小区公共场所举行的"垃圾分类和分类后无害化处理"的现场讨论会共同讨论垃圾处理问题，并将邀请函送至番禺区信访办和区政府收发室，如果缺少媒体关注，居民邀请函或许很难进入具有决策权力的政府领导视野中，但媒体借助其信源资源优势，直接采访有关官员，获取反馈信息，不仅确保了居民诉求的有效传播，更推动了官方的积极回应；不仅如此，对于此后因为参会业主代表资格问题引发的业主对政府的不满情绪，媒体也持续予以了关注和引导，最终促成了政府与民众之间的公开对话，也正是在这次对话中，官方对居民作出了"项目已经停止，此前系列招标中标也全部作废，且要敏感范围内 75% 以上群众同意才能使环评通过"的表态。而此后业主通过论坛邀请垃圾焚烧专家进行风险辩论的论贴也在第二天得到媒体报道，并引发垃圾焚烧专家徐海云的公开回应，进一步推动了垃圾焚烧风险的公开讨论，也促使番禺居民的公众参与从反对垃圾焚烧的环保诉求上升到对我国垃圾处置政策的积极参与层面。

　　对比可见，垃圾焚烧作为一项引发社会广泛争议的环境风险决策，在此问题上，诉诸大众传媒的风险辩论与政策协商对公众摆脱地区局限性，积极参与到相关政策的理性讨论之中，并在与专家、政府的协商过程中努力寻求风险共识便成为了理解公众参与与政府民主决策之关联的新视角。这种风险协商的过程就其本质而言是对垃圾焚烧风险进行博弈的过程，是多元化话语冲突、交锋、碰撞、互动中对风险真相的揭示以及社会普遍性风险共识达成的结果，同时也是对公共利益和政府相关决策的公共性进行重新定义的过程。而下一章中笔者试图通过对各方博弈过程中对话语权的争夺的分析来展现这一过程。

第四章

话语权的争夺：风险决策的多方博弈

第一节　官方话语中"消失的风险"

一　官方话语的"遮蔽性"

（一）选择性"信息公开"与形式化"公众参与"

尽管环境影响评价的公众参与与政府信息公开条例的实施为公众知情并参与政府相关决策提供了政策支持，但前者未明确界定公众参与在决策中的作用，后者则保有了政府以维护国家安全等为由不公开信息的权力，这种模糊的界定方式实际上也就意味着政府作为决策主体仍掌握着信息公开与否的主动权①。

北京六里屯垃圾焚烧厂案例中，项目实际上早在 2005 年就已通过环评，但却未主动在官方网站上公开环评报告，直到 2007 年 1 月底，业主向北京市环保局申请后才予以公开。事实上，居民早在 2006 年就曾通过北京市 12369 环保投诉举报咨询中心的信访渠道反映六里屯填埋场污染扰民的问题，海淀区环保局给出的答复意见也具体说明了政府在六里屯垃圾填埋场污染治理上当前所采取的主要措施和下一步工作计划，但并未提及

---

① 《环境影响评价法》第 21 条明确规定"对环境可能造成重大影响、应当编制环境影响报告书的建设项目，建设单位应当在报批建设项目环境影响报告书前，举行论证会、听证会，或者采取其他形式，征求有关单位、专家和公众的意见。"但该法并未明确规定公众参与的具体方式，亦未明确公众参与对决策的实际影响力。而 2008 年 5 月 1 日起开始正式实施的《中华人民共和国信息公开条例》第八条则规定"行政机关公开政府信息，不得危及国家安全、公共安全、经济安全和社会稳定"，使政府享有了对信息公开与否的自由裁量权。

垃圾焚烧厂一事①。而在 2006 年 11 月底免费对公众开放的海淀北部新区开发建设展上，有关部门公布了六里屯垃圾焚烧厂项目的建设规划，但整个介绍不足 300 字，且完全是正面宣传话语，例如项目"始终贯穿环保及循环经济理念"，"拟采用引进的国外成熟往复式炉排焚烧炉，运行可靠，烟气灰产量低"，"项目冷却塔约 4000 吨的工艺用水由冷泉再生水厂提供中水，节约了宝贵的地下水资源"等。前去参观的业主将规划展图片发布在网上，业主回帖显示，除了有两位业主注意到垃圾焚烧项目，并提及"二噁英"风险外，更多业主关注的还是城市交通、医疗保障等建设规划。② 相比之下，尽管番禺垃圾焚烧厂的相关信息早在 2008 年前后就通过媒体公开披露了，但相关报道或只是对项目筹建信息一语带过，或只是简单复制官方话语，在"大岗填埋场臭气扰民"和"番禺大石垃圾焚烧厂建设"之间建立因果关联③，与六里屯垃圾焚烧厂的官方叙事逻辑一样，将焚烧厂建设建构政府为解决填埋场臭气扰民问题而上马的"民心工程"。

　　而环境影响评价的公众参与环节作为保障公众有序参与政府风险决策的重要保障在执行层面常流于"走过场"。我国 2002 年颁布的《中华人民共和国环境影响评价法》中第三章第二十一条明确说明"除国家规定需要保密的情形外，对环境可能造成重大影响、应当编制环境影响报告书的建设项目，建设单位应当在报批建设项目环境影响报告书前，举行论证会、听证会，或者采取其他形式，征求有关单位、专家和公众的意见。建设单位报批的环境影响报告书应当附具对有关单位、专家和公众的意见采纳或者不采纳的说明。"但却未具体规定公众参与的人数、形式以及公众意见对项目环评的影响力。这种模糊的法律界定使得风险决策的公众参与往往大打折扣，难以真实体现公众意愿。例如，六里屯垃圾焚烧厂环评报

　　① 《海淀区西北旺中海丰莲山庄附近六里屯垃圾站气味难闻》，2006 年 8 月 6 日，北京 12369 环保投诉举报咨询中心（http://12369. bjepb. gov. cn/12369web/News/200687195557. html）。

　　② 小龙燕：《带你参观海淀新区规划展》，2006 年 12 月 1 日，搜狐焦点网中海枫涟山庄业主论坛（http://house. focus. cn/photoshow/1396/3358699. html）。

　　③ 王白石等：《垃圾焚烧发电厂年内大石开建》，2007 年 3 月 28 日，《新快报》（http://news. sohu. com/20070328/n249030443. shtml）。陈淑仪：《番禺垃圾焚烧电厂还需再等 3 年》，2008 年 10 月 24 日，《南方都市报》（http://epaper. oeeee. com/G/html/2008 - 10/24/content_608124. htm）。

告书第八章对公众参与的方式及意见采纳情况进行了说明，调查者仅凭对项目周边居民的随机访谈和 100 份调查表（回收 85 份）就得出"同意焚烧项目的占 71%"的调查结论①，这与 2007 年 3 月六里屯居民自发组织的调查结论中无一人支持该项目建设的调查结论截然相反②。笔者在访谈中也进一步了解到，当时的公众参与环节的"形式化"不仅体现在参与人数过少，更重要的是，参与者在被调查时没有被告知项目真实环境风险，只知道"垃圾烧了以后就不臭了"，觉得这是"好事"就同意了③。而北京阿苏卫焚烧厂项目的环评公示则仅仅是以不起眼的方式张贴在了镇政府公告栏和垃圾填埋场的大门口，同时在《昌平周刊》上予以了刊登，然而，这两种公开方式实际上都表现出政府并不希望公示为多数人看见，仅仅是为使程序符合法律规定④。广州番禺垃圾焚烧厂项目则更是尚未通过环评就已经先发出了《关于番禺区生活垃圾焚烧发电厂项目工程建设的通告》，禁止任何人或单位阻挠工程进展⑤；倘若没有媒体的及时曝光，其公众参与能否落实到位同样令人质疑。

　　政府相应信息公开渠道对垃圾焚烧风险信息有意或无意的规避，构成公众充分知晓风险的一大传播障碍，从而也凸显出公众参与制度化建设不足情况下媒体作为信息流通平台的重要地位。

　　（二）媒体对官方风险叙事逻辑的简单复制

　　从对北京六里屯和广州番禺垃圾焚烧厂事件的案例叙述中可以发现，作为媒体依赖性信源的政府机构在定义垃圾焚烧风险时候始终离不开这样三个方面的内容：其一，城市垃圾量增长迅猛，面临垃圾围城的危机，同

　　① 《海淀区垃圾焚烧发电厂和综合处理厂项目环境影响报告书（简本）》第 11—12 页，笔者 2009 年 11 月北京调研时六里屯居民提供的资料。

　　② 北京六里屯居民提供的"六里屯垃圾场维权大事记"显示，2007 年 3 月六里屯居民自发印制调查表，格式套用环评报告，按照环评报告调查小区和村庄发放问卷 400 份，收回 387 份。在其中问及是否支持该项目的建设时，出现了无一人支持的结果。

　　③ 笔者 2009 年 11 月 7 日对北京六里屯居民访谈的资料。

　　④ 事件详细经过见：王强、徐海涛：《博弈阿苏卫》，2010 年 4 月 8 日，《商务周刊》（http://money.163.com/10/0408/15/63OP21LB00253G87.html）。

　　⑤ 张玉琴：《番禺明年将建成垃圾焚烧发电厂》，2009 年 2 月 13 日，《信息时报》（http://news.hexun.com/2009-02-13/114385930.html）。报道表示，"为更好地建设该项目"，广州市政府发出了该通告。但事实上，项目的土地审批报告是 2009 年 4 月 1 日才获得的。详见本书第二章第二节个案叙事中的相关内容。

时，由于土地资源的稀缺，垃圾已经无处可埋，而国家"十一五"规划亦鼓励和支持经济较发达且地少人多的地区采用垃圾焚烧技术，故而决策是有其决策依据的；其二，垃圾焚烧是世界范围普遍采用的垃圾处理技术，是无害化垃圾处理的先进手段，且我国对垃圾焚烧二噁英排放实行的是欧盟标准，对环境和人体健康不会造成危害；其三，政府决策是有程序性保障的，如立项、申报、选址、规划以及环评等。

事实上，这种风险表述逻辑不仅仅是表现在北京六里屯和广州番禺这两个特定垃圾焚烧项目中，再往前推，北京第一座建成投产的垃圾焚烧厂——高安屯垃圾焚烧厂，广州第一座建成投产的垃圾焚烧厂——李坑垃圾焚烧厂，都曾为媒体多次报道，但这些早期报道基本采用的是单一政府信源，简单复制着官方风险诠释话语所遵循的叙事逻辑，将垃圾焚烧界定为"节能环保"的"优质"项目，并将其视为城市垃圾处理的大势所趋，至于垃圾焚烧技术在中国的适用性、焚烧利益集团对政策的推动性、政府相关监管制度的不健全都未被政府主动纳入风险告知的范畴之中。①

在媒体复制的这套阐述垃圾焚烧项目为何是安全可靠的单面叙事逻辑中，垃圾焚烧的风险的已经"消失"，取而代之的是垃圾围城的风险。这种定义方式实际上也深刻影响着社会公众与媒体对风险的判断。广州某媒体一位受访记者即表示，"最初我们是持支持意见的。根据以往的宣传报道和有关印象，感觉上垃圾焚烧发电，是一项先进技术、环保技术。所以最开始跟进这组报道的同事做得很痛苦。用他的话来说，就是很纠结。他无数次同我们说：'我觉得这个项目挺好的，垃圾终归要处理。如果因为我们的反对，把这么好的项目搅黄了，内心会很不安，这也有背媒体的职责。'"② 可见，在记者最初对事件的价值判断中，垃圾焚烧本身的风险属于未知数，而民众的反对亦缺乏充分理性与足够建设性，使记者也难于准确把握议题价值。这种判断事实上与北京媒体最初对六里屯事件的报道是极为相似的，这也就意味着，对该项决策的公众参与而言，突破官方的话

① 相关报道如北京日报 2003 年 11 月 2 日刊发的《京城建首个垃圾发电厂 日处理垃圾 6000 吨》，南方日报 2003 年 9 月 1 日刊发的《广州投资 7 亿元建世界级垃圾发电厂》，2007 年 10 月 22 日刊发的《广州建全国最大垃圾焚烧发电基地 年发电 2 亿度》，广州日报 2006 年 10 月 26 日刊发的《10 万户家庭用上"垃圾电"》等，从这些报道标题也不难看出报道对垃圾焚烧发电厂所持的正面报道立场。

② 笔者 2009 年 12 月 25 日对广州媒体记者网络访谈的资料。

语霸权，重新界定垃圾焚烧风险，展示出公众参与的建设性意义成为双方协商过程中的重要内容。

（三）被建构的"公共利益"

对于公众参与而言，知情无疑是保障参与的首要条件。尽管我国相关法律赋予了公众参与政府公共事务管理的权利，也赋予了政府政务信息公开和保障公众参与的义务，但在实际操作层面，政府作为决策者并未形成风险决策公众参与的常规机制，相关决策的信息公开并非主动、完全公开，相关公众参与环节的设计与执行也常流于形式，使得公众难以及时获取相关风险信息并有效参与政府风险决策。公众参与遭遇的这些信息沟通鸿沟与表达困境成为影响他们有效参与的重要障碍，凸显出大众传媒在保障公众知情、表达、参与和监督权方面的重要地位。然而，令人遗憾的是，媒体人士作为非专业人士，其对政府相关风险决策的预警能力往往也十分有限，在涉及相关议题的报道初期，媒体往往仅仅关注单一官方信源提供的相关信息，复制官方话语中的风险定义，难以充分揭示风险。

而政府则通过巧妙的"概念置换"，不仅使决策的公共性得以确立，同时也有效规避了垃圾焚烧风险议题。例如北京六里屯事件中，居民曾就项目选址环评可行性问题向北京市环保局提出行政复议申请，然而官方回应的答辩状却声称项目"不涉及公共利益，也不存在直接涉及行政复议申请人与他人重大利益关系的情形，因此不需要举行听证或告知利害关系人听证权利。"① 这一表态明确否定了项目与周边居民环境权益之间存在的关联性，将项目环境风险的承担者排除在决策参与者之外，凸显出风险决策"有组织的不负责任"的特性。其他各地对垃圾焚烧项目上马原因的解释也多如出一辙，强调的是"垃圾焚烧是破解城市垃圾围城危机唯一出路"的叙事逻辑，这实际上是以垃圾处理问题本身的"公共性"取代了垃圾焚烧环境风险的"公共性"，从而将公众从项目风险承担者转变为了相关决策受益者，进而有效规避了垃圾焚烧风险。

细致观察其他环境风险决策引发的社会冲突性事件不难发现政府的风险定义方式也颇为相似，例如通过将 PX 项目界定为"高产值"、"高纳税"、"给力地方经济发展"的优质项目，政府实际上以经济利益的"公

---

① 见于 2009 年 11 月北京六里屯居民提供的《对北京市环境保护局行政复议答辩状（京环法复辩字［2007］1 号）的意见》。

共性"取代了项目环境风险的"公共性"，同样将公众从项目环境风险承担者转换为了城市公共财政增长的受益者。

换言之，通过转换风险叙事角度，强调相关风险决策服务公共利益的一面，规避项目决策可能引发的公共风险的一面，政府将自己视为天然的公共利益的代言人，其决策的公共性是以法定程序为保障的，这种公共性并不会因为公众未能直接参与决策而受到影响。

政府以服务公共利益作为其垃圾焚烧政策决策合法性的依据实际上是将公共利益用作政治运作的话语资源，用来策略性地遮蔽其利益的个别性，以获取在利益博弈中的优势，正当化其个别利益的最大化。（参见潘忠党，2008：8）一旦这种被遮蔽的风险得以呈现，政府天然的公共性假设也就难免受人质疑，其决策的正当化与合法化也都将随之而受到挑战。

从更高层次说，政府对于垃圾焚烧风险的定义所体现出的实际上是一种"发展主义意识形态"（汪晖，2008），其核心理念是将城市发展和经济增长作为中心。政府大规模上马垃圾焚烧项目固然能够解决当下紧迫的垃圾围城危机，但这种简单地"一烧了之"的处理方式所可能引发的环境风险却是不容忽视的问题。而我国政府极力推动垃圾焚烧项目所表现出的实际上仍然是一种单线的发展主义思维，当面临发展过程中出现的新问题时，不是批判性地反思过去发展过程中因不当决策所导致的问题，而是一味地用新的"发展"来遏制问题。这种发展主义意识形态的能量之巨大绝非一两个人所能阻止，必须依靠公众的力量来予以推动（参见汪晖，2008）。这就使得公众对于垃圾焚烧风险定义权的争夺成为推动政府反思风险决策的重要力量。

二　传播资源控制与风险遮蔽的实现

（一）借权力资源操控媒介话语

如上所言，在风险问题化之前，政府实际上主导着垃圾焚烧风险的定义，这种主导权往往通过有选择的信息公开来实现。而媒体又常常依赖于政府作为新闻报道的主要信源，受到新闻生产的常规和记者风险知识的有限性的限定，媒体报道时常在建构风险的初期扮演着官方信息的简单复制者的角色，遮蔽了潜在的、不可见的垃圾焚烧风险。这也正如既往对于环境风险新闻的研究所早已证实的，环境风险议题的不可见性与媒介所强调的常规新闻价值判断标准相背，使得环境风险议题常不易获得媒体关注

（Adams，1993；Downs，1972；McComas & Shanahan，1999），就其风险本身而言从来不是不证自明的，它为人所知是因为有人说出了它（Stall-ings，1990）。在政府不主动说出风险的情况下，其他知情信源对风险的主动揭示便成为媒体预警风险的关键所在。

北京六里屯垃圾焚烧厂事件中，海淀区政协委员有关六里屯垃圾填埋场的提案中所提出的"建议六里屯垃圾焚烧厂项目停建"一事经由媒体报道后引发居民关注与行动。广州番禺垃圾焚烧厂事件中，媒体对该项目尚未通过环评却计划即将开工的消息也成为居民参与的一个起点。不难假设，如果媒体未能及时发现这些问题或发现后因种种原因未进行报道，那么政府实际上仍然掌握着信息公开与否、如何公开、公开哪些信息的权力；而如果媒体发现并报道后，公众并未采取行动，那么亦无法使这些问题得以问题化和公共化。换言之，政府作为决策信息发布的"把关人"，其是否将决策风险信息充分传达给公众很大程度上依赖于他们信息公开的自觉性。然而如前文所述，政府往往并不会主动全面公开项目真实风险信息。不仅如此，部分官员甚至对媒体主动公布项目风险信息的行为表示了不满，例如第二章论述中就曾提及北京几位媒体记者因报道海淀区政协委员就六里屯垃圾焚烧厂项目可能带来新的环境污染问题而遭到批评的例子。而在北京六里屯垃圾焚烧厂事件中的一次政府组织的官员与居民代表的座谈会上，有官员面对居民的强烈反对声音甚至忍不住抱怨"早知道这样，早点开工就没事了"①，此话实际上话出有因——中海枫涟山庄和百旺茉莉园的很多业主都是 2007 年才陆续入住的，而六里屯垃圾焚烧厂项目 2005 年已经通过环评，因此，居民所理解的官员此番抱怨背后的潜台词为，如果六里屯垃圾焚烧厂赶在小区业主入住前就建成了，那么就跟高安屯垃圾焚烧厂项目一样，即便周边居民反对，但面对既成事实，大家也只能是无可奈何②。笔者观察到的武汉盘龙城垃圾焚烧厂事件也辅证了六里屯居民的这种想法，盘龙城垃圾焚烧厂项目周边新建楼盘林立，但绝大多数楼盘业主都尚未入住，因此尽管盘龙城垃圾焚烧厂项目 2009 年初开工后便遭到部分业主反对，但反对意见始终难成气候，项目在经历了几个月的缓建后依然在居民反对声中于 2010 年底建成投产了。

---

① 笔者 2009 年 11 月 17 日对北京六里屯居民访谈的资料。

② 笔者 2009 年 11 月 7 日、11 月 14 日、11 月 17 日对北京六里屯居民访谈的资料。

而在 2010 年 2 月 23—24 日广州市政府主办的生活垃圾处理专家咨询会上，除广州日报和广州电视台外，其余媒体一律不能进入会场。2010 年 2 月 25 日，广州日报以"垃圾处理宜焚烧为主填埋为辅"、"32 位专家献策广州垃圾处理 31 人主张焚烧"为题对专家咨询会的具体内容进行了报道，同日拿到政府通稿的其他媒体也多强调了相似的结论。通过有选择性地邀请参与事件报道的媒体，政府得以在一定程度上主导媒体报道框架，在公共话语空间中限定了垃圾焚烧风险定义的多元化可能，进而也强化了政府垃圾焚烧决策服务"公共利益"的色彩。

可见，一方面是政府不愿意主动公开信息，另一方面政府还有意识地控制信息传播，借助其作为媒体依赖性信源的优势，通过选择性地言说垃圾焚烧风险，政府得以有效建构了媒体早期报道中"无风险"的垃圾焚烧项目。但随着公众反对呼声的兴起和媒体垃圾焚烧风险认知局限性的逐渐突破，政府单方的风险建构优势也逐渐丧失。使其不得不通过其他方式来实现对风险信息的"遮蔽"。这些"遮蔽"方式笔者曾在第三章对六屯居民媒介近用困境的原因的分析中予以过详细阐释，这里不再赘述。概言之，政府对传播的控制手段既包括直接的宣传禁令，也包括政府权力对社会组织的微观渗透下的间接控制，如对媒体高层领导的任免权，对专家信源风险言说的间接操控——如只选择支持垃圾焚烧的专家出席相关新闻发布会，或凭借权力资源对持反对意见的专家形成隐形压力等。笔者在观察武汉垃圾焚烧厂事件的过程中曾访谈过一位武汉某媒体的记者，该记者表示他曾联系过多位专家采访，但他们都不愿意出来反对政府决定的项目[1]，这一点在下文对专家话语的分析中将进一步进行论述。

论述至此，显而易见的是，相对于参与这场风险博弈的其他几方力量而言，政府凭借其对媒体直接或间接的控制权力，占据着先天的媒介话语权优势，也使得话语权的争夺其实远远不仅仅是体现在"说什么"上，还同时体现在"不说什么"上。

（二）干预公众的风险抗争表达

除了控制媒介渠道外，公众诉诸其他渠道的利益表达和争取话语权的行动也时常面临着被限制的问题。北京六里屯居民在小区内挂条幅被城管以影响市容为由限时取下，否则将面临罚款甚至拘留的处罚；而 2007 年

---

[1]　笔者 2009 年 1 月 14 日对武汉媒体记者访谈的资料。

正月期间小区居民拟出小区宣传则因为行动计划的事先公开而被政府机构人员拦截在了小区大门口；2009 年媒体多次放风表示政府将再度启动六里屯垃圾焚烧厂项目后，六里屯居民欲借用物业会议室开会却被告知要先到派出所"备案"，而居民代表前去"备案"则被要求不允许讨论六里屯垃圾焚烧厂的事，否则由此所引发的后果要申请者全部承担；① 而广州番禺居民在反对垃圾焚烧厂的过程中有不少人均有被警察"请喝茶"的经历，即被警方叫去问话。这种"问话"虽然并不涉及具体的处罚，但在受访者看来，"问话"实际上却包含着两层意图，其一，向居民表示他们的一举一动都是被政府看在眼底的；其二，则是通过问话向行动者施加心理压力，迫使其"知难而退"，"我们在政府眼里其实都是透明人，想要找你，分分钟都可以找到……像我们都是有漏洞的，都是有缺点的。你看缴税是吧，我的公司肯定没按要求缴税的，他查的话都可以查你的，分分钟都可以查得出来。"而一些居民在"被喝茶"之后便不再积极采取行动了。②

在这种微观控制中所体现出的不仅仅是政府依靠其对社会秩序管理的天然合法性来对公众话语的传播进行控制的问题，同时也体现出如吴毅（2007）对农民维权行动的研究中所指出的，当农民利益受到侵害时，是否维权、如何维权以及维权到何种程度，实际上在受到主体利益受损和权利意识程度等的影响之外还显然受制于主体生活于其中的制度、社会乃至人际关系网络；而国家对行动的控制也常常通过后者进行渗透，无论是北京六里屯案例还是广州番禺案例均证实了这种权力－利益之网的存在及其对公众参与的不容忽视的现实影响。

概言之，在风险博弈的过程中，各方话语的平等表达原本是民主协商的核心要件。然而，在改革开放之后的"后总体性社会"（孙立平，2009）中，虽然市场和社会开始成为一个与国家并列的、相对独立的提供资源和机会的源泉，独立、多元的经济主体开始出现，利益表达本身的合法性得到社会认同，但是利益博弈的公平有效机制并未建立，国家行政权力仍然通过多种方式渗透在日常生活的实践领域，使得利益表达与协商机制的建立尚有待公众参与的进一步积极推动方有可能实现，而这种表达

① 笔者 2009 年 11 月 4 日、11 月 7 日对北京六里屯居民访谈的资料。

② 笔者 2009 年 12 月 18 日对广州番禺居民访谈的资料。

与协商又必然是基于特定实践情境创造性的民间产制的结果。

第二节 风险定义中被展示的专家话语

一 专家话语与官方话语的"合谋"

由于垃圾焚烧风险对于多数公众而言属于难以亲身经验的风险，使得公众对它的认知很大程度上必须依赖于社会的专家系统，这种依赖不仅仅关系到他们对摄入的风险信息进行理性判断，重获日常生活的安全感的问题；同时也关系到他们以这种专业知识来对风险进行反思性思考，进而更为有效地对相关决策进行参与的问题。但是这种专家知识应当是基于独立、严谨的科学研究得出的知识，而并非基于特定利益的推动或挟持。因此，尽管专家话语在风险争议中常常占有重要位置，是媒体对风险进行讨论时所依赖的重要信源，然而当部分专家只选择性地提供垃圾焚烧的有利证词，配合政府说服公众接受垃圾焚烧风险时，专家话语自身的"遮蔽性"也就成为媒体和公众必须揭示的问题。事实上，专家话语的这种"遮蔽性"的实现同样总是依赖于政府操纵下的传播资源和传播机会的分配、专家对风险信息的选择性诠释以及简化风险议题设置等来达成。

（一）专家话语享有的传播资源和传播机会的不平等

从传播资源和传播机会的分配来看，尽管媒介呈现出的专家话语中存在着所谓的"主烧派"与"反烧派"之争，但值得注意的是，在北京六里屯和广州番禺垃圾焚烧厂案例中，应政府邀请而首先出场的专家均是主烧派专家。北京六里屯垃圾焚烧厂事件中最早出现的专家信源是2007年1月23日海淀区政府的新闻发布会上登场的清华大学环境科学与工程系教授聂永丰，在会上，他提出"垃圾焚烧是目前世界上处理生活垃圾最科学的办法，二噁英等有害物只要控制在低含量的标准，就不会对人体和生态产生不良影响。"[①] 而在广州番禺垃圾焚烧厂事件中，番禺区政府组织的项目情况通报会上出场的几位专家亦无一例外地强调垃圾焚烧是安全的，风险是可控的。事实上，以贝克风险社会理论来看，风险不仅止于技

---

① 郭少峰：《六里屯垃圾焚烧厂有望明年运营》，2007年1月24日，《新京报》（http://news.sina.com.cn/c/2007-01-24/015011072271s.shtml）。

术风险，更重要的在于与之相关的人造风险，而民众担忧的更多的正是后者。可以说，支持垃圾焚烧的专家在对垃圾焚烧风险进行初始定义的过程中，掌握着优势话语权，主导着公共话语场域中的垃圾焚烧的风险定义。

而从事件进展过程中民间专家、主烧专家、反烧专家之间的话语冲突来看，民间专家和反烧专家的话语表达同样受到了传播资源的限定。以第二章中提到的广州番禺垃圾焚烧厂事件中的三场风险辩论为例，凤凰卫视的《一虎一席谈》节目里支持垃圾焚烧的专家实际上在"民间专家"的驳斥下"颜面全无"①，结果节目被禁播；番禺居民主动发起的主烧派专家与居民的焚烧技术辩论中，有专家提出经费由组织方提供，且辩论过程要全程直播，对于居民来说，这不是易于满足的要求；在辩论未能如期举行之后，有专家通过固废网公开发表了给居民的回复，回复随后被广州日报全文转载，而曾主笔六里屯垃圾焚烧厂建设可行性报告的中国电工设备总公司高级工程师乐家林和中国环境科学研究院专家赵章元对该公开信的反驳意见却更多只能通过博客、论坛的方式传播。紧接着，在随后广州市政府组织的专家咨询会上，咨询会过程仅向特定媒体开放，咨询会结果则由政府统一发布新闻通稿，使得专家之间争论的具体过程公众难以知晓。媒体刊发的通稿中，"32专家论生活垃圾处理31位'主烧'"、"32位专家献策广州垃圾处理31人主张焚烧"、"垃圾处理咨询会32位专家31位主张垃圾焚烧"、"31:1！'主烧'大赢"、"广州生活垃圾处理专家咨询会仅1人反对焚烧"等则成为了媒体标题中最突出的内容，而报道中被摆在首要位置的专家咨询意见则是广州垃圾处理"适宜焚烧为主，填埋为辅"②。对政府而言，通过这种"公开"的专家咨询会，决策者摆出了民主决策的姿态，论证会上多数专家主烧的结论则又为政府推进垃圾焚烧赋予了科学决策的意涵。由此一来，垃圾焚烧似乎确如官方话语中所强调的一样，成为了解决当下垃圾围城危机的不二选择。

然而，就在这场专家咨询会结束后不久，参加会议的西南交通大学环境工程与科学学院教授张文阳博士在自己的博客上就媒体报道中转述的他

① 笔者2009年12月18日对曾参加现场辩论的广州番禺居民访谈的资料。

② 对应报道分别可见2010年2月25日的南方都市报AA03版，广州日报（http://news.dayoo.com/guangzhou/201002/25/73437_12114850.htm），新快报，（http://www.xkb.com.cn/html/xinwen/guangzhou/2010/0225/44840.html），羊城晚报（http://news.qq.com/a/20100225/001699.htm），南方日报，（http://news.sina.com.cn/c/2010-02-25/100819737152.shtml）。

的部分观点进行澄清，称其中部分表述为广州日报编辑根据自己理解加的，违背他会议上的发言内容，与他本人无关。① 专家组成员赵章元也在其博客上发表澄清文章，对媒体发布的专家组咨询意见表示了强烈不满。他表示，当天专家意见的中心思想和原则是列在意见最前面的两条，即"实行源头减量，尽可能少产生垃圾；其次是对产生的生活垃圾尽可能进行资源回收利用，其中包括尽可能对可生物降解的有机物进行生物填埋；在此基础上对垃圾进行焚烧处理并回收热能；最后对剩余物质进行填埋处置"，而并非简单的"焚烧为主，填埋为辅"。他同时对部分专家的动机表示了质疑，称研讨会后期出现个别专家"大唱垃圾焚烧歌后高声地叫喊什么'我烧定了'，表现出一种对不同意见发泄私愤的情绪"。② 在随后新京报公布的当天专家咨询会上主烧、慎烧、不明和反对的专家名单中，除赵章元一人持明确反对意见外，还有 9 人主张慎烧，3 人态度不明，只有 19 人主烧。而在这 19 人当中包括了之前出席番禺区政府情况通报会，随后被网民检索认定与垃圾焚烧项目存在利益关联的 3 位专家和之前以公开信方式回应了居民辩论邀请的徐海云③。这也就意味着，在居民看来尚可信任的专家中，仅有 15 人主烧，不到专家总人数 32 人的一半。尽管官方回应否认打压反烧派，称专家组咨询意见是散会当日应七八名专家意见修改的结果④，但在官方对外发布的通稿中却并未揭示持不同意见的专家人数及名单，而笼统地将慎烧和态度不明的专家一并划入了主烧专家当中。对不明真相的公众而言，政府垃圾焚烧决策的科学性通过这种专家咨询会得到了确证，成为服从"公共利益"的公共决策，而对风险直接相关的公众而言，此举却再度激起了他们对决策者们的不信任情绪。

（二）"主烧"专家对垃圾焚烧风险的选择性诠释

从出场的对垃圾焚烧持明确支持态度的专家的风险诠释话语来看，除

---

① 张文阳：《声明》，2010 年 2 月 25 日，网易博客（http：//blog. 163. com/steven_wyzhang/blog/static/58714246201012583458323/）。

② 赵章元：《澄清！》，2009 年 3 月 1 日，新浪博客（http：//zhaozhangyuan. blog. sohu. com/145097621. html）。

③ 孔璞等：《广州垃圾焚烧专家意见定稿被改 否认打压反烧派》，《新京报》，2010 年 3 月 17 日 A16 版。

④ 田恩祥、余洋：《"反烧派"专家赵章元应邀参观垃圾处理厂 不满对专家稿做"小动作"》，2010 年 2 月 27 日，《羊城晚报》（http：//news. qq. com/a/20100227/001161. htm）。

了论证政府采取垃圾焚烧方式应对垃圾围城危机的必要性之外，从技术角度论证决策的合理性也显得至关重要。如上一节对官方话语的分析中所言，政府在对媒体公开垃圾焚烧项目的相关信息时，无不强调垃圾焚烧科学环保的特性，就连媒体从业者也多数认同官方的这种说法，在事件之初表现出对居民反对意见的不理解。政府在与持反对意见的居民进行沟通时，多会请出支持垃圾焚烧的专家，试图借专家权威话语来说服公众相信垃圾焚烧的安全性。

在北京海淀区政府第一次组织的与小区居民代表的座谈会上，政府官员开场便承认垃圾填埋场确实存在问题，并表示政府也在想办法解决，紧接着便将话题转向了垃圾焚烧厂项目，强调了海淀区目前垃圾处理的困境，请出了专家对垃圾焚烧技术进行说明，但在受访者看来，当天的"专家－民众"沟通却是失败的，失败的重要原因在于专家的有选择性的风险叙事："他（某位专家）一上来，就开始说啊，在全球呢，（垃圾焚烧）是主流。西方欧美，发达的日本国家，欧美国家，普遍采用焚烧技术。然后讲了这个垃圾焚烧炉的原理，听得我们一头雾水。怎么焚烧啊，什么多少度啊什么之类的，那时候谁能听懂吗？……当时没人敢出声……但是后来他说了一句什么呢，在西方发达国家这也是一个普遍的技术，西方国家基本上都是这样处理的。在座的有老爷子就不干了，那么大岁数了，脸气得都通红的，说'我在国外生活这么多年了，工作这么多年了，你说的这个不客观，不是实际情况，我别的国家不敢说，至少北欧，欧洲这些国家，我是了解的。根本不是这个情况，'当时那个XXX（注：指专家）就比较尴尬……然后XXX就对老爷子说'那可能有个别国家，有可能，但是我看的其他的国家都是这样'。这时候，又另外一个老爷子，也站起来，然后说他因为工作关系，经常出去访问嘛，在澳门曾经被安排过参观垃圾焚烧厂，但看到的不是这个情况。澳门有垃圾焚烧，但是是在一个没有什么人烟的小荒岛上，是用船拉到那个小荒岛上去烧的，并不是像专家说的那样随便就在居民区附近烧……很多居民当时就气炸了……当时就有业主指着鼻子开始骂了，说你这属于没良心的专家……最后大家就觉得靠政府靠不住了，你要说想通过跟他对话的途径解决靠不住了。"① 而参加广州番禺区市政园林局组织的番禺垃圾焚烧项目情况通报会的记者对

---

① 笔者 2009 年 11 月 17 日对北京六里屯居民访谈的资料。

通报会上政府与专家之间的配合也有相似的感受，"这个通气会感觉就是请一些他们（注：指政府官员）认可的专家给媒体洗洗脑。"①

从以上引述对专家话语的描述与评论中不难看出，受政府邀请而登场的支持垃圾焚烧的专家，其出场的主要目的是从正面阐释垃圾焚烧项目，说服民众与媒体理解并接受垃圾焚烧。这种专家话语实际上是被"收编"入官方话语体系之中，被用做官方说服居民的工具来使用的。专家身份、专家权威性、专业术语、发达国家的垃圾焚烧经验等都只不过是政府所使用的公关手段而已。这与 Beder（1999）对澳大利亚一处垃圾焚烧项目选址的个案研究的发现极为相似。该研究的研究者发现，在整个公共协商过程中，公众实际上并非作为参与者的角色出现，而是作为被说服的对象出现。政府、专家、项目方的相关利益人在与公众协商的过程中实际上是运用公关原则进行风险沟通，并非真正的公众参与。而北京六里屯和广州番禺垃圾焚烧争议中参加座谈的居民也充分认识到了这一点，在专家的可信任度与政府的可信任度之间建立起了直接的因果关系，认为政府只邀请支持垃圾焚烧的专家登场，采取"单面理"的风险说服方式，本身就是缺乏沟通诚意的表现。

（三）"合谋"之下被简化的风险议题设置

在论证政府采用垃圾焚烧技术的必要性、安全性之外，垃圾焚烧是否是破解垃圾围城问题唯一的可行办法也是风险博弈过程中多方争论的焦点。从政府决策的角度考虑，即便垃圾焚烧是应对垃圾围城的有效方式，但这并不意味着简单、大规模上马垃圾焚烧项目就是可行、合理的。一些支持垃圾焚烧的专家在对此问题进行解释时更多强调的是垃圾围城的紧迫性，却避而不谈垃圾分类的重要性，将垃圾焚烧风险简化为"垃圾围城"与"环境污染"之间的简单二元矛盾，遮蔽了缺乏垃圾分类为前提的垃圾焚烧所可能导致的环境风险。而对于决策背后是否存在垃圾焚烧利益集团利益游说等问题，专家也多选择避而不谈。

这种风险议题设置的话语冲突集中体现在两个与垃圾焚烧风险议题紧密相关的问题的争论上：第一，垃圾焚烧是否是当前化解我国大城市垃圾处理困境的唯一出路，第二，我国政府制定的垃圾焚烧厂 300 米安全防护

---

① 龙利群：《博弈番禺"垃圾门"》，2009 年 11 月 9 日，《时代周报》（http：//news.163.com/09/1105/10/5NBLUJSE00011SM9.html）。

距离的标准是科学裁定还是利益驱动。2010 年 1 月 25 日，中国城市建设研究院总工程师徐海云在中国固废网上对番禺居民的邀请信做出了公开回应，而双方辩论的焦点也正是这两大问题。

对于"垃圾处理是否是我国垃圾处理的唯一出路"的问题，专家从我国垃圾处理的现实问题出发强调了作为战略的垃圾回收利用与作为战术的垃圾焚烧之间的区别，认为公众必须认识到，在目前的现实条件下，只能选用垃圾焚烧技术才能够化解垃圾处理的困境问题①。公开信被报刊和网络转载后，引发了不少居民、民间专家以及反对垃圾焚烧的专家的批驳，其中最为引人关注的则是"北京市民丙致徐海云先生的公开信"②。作者针对徐海云的回复进行逐条的驳斥，强调垃圾处理的战略应当是"减量化、无害化、资源化"，因此处置的技术应当是有利于资源的循环利用而不是阻碍它。这与世界银行 2005 年对中国废弃物管理的问题与建议的报告中所强调的问题实际上是相同的，报告虽然肯定了在中国土地稀少的大城市采用垃圾焚烧技术的可能性，但同时亦指出，垃圾焚烧与资源的回收与再利用实际上是相悖的两个方向，由于我国的垃圾焚烧厂一般都采取特许经营的方式，特许经营的年限多在 20—30 年，项目由私人承包商运营，他们一般会有"协议照付"原则，保证城市提供最低废弃物量，一旦大规模上马垃圾焚烧厂将不利于废弃物减量与循环利用，因此，对于中国而言，当务之急应当是提高"废弃物管理分级"，在采用其他废弃物处置方法前，加大对废弃物的减量化和循环使用的管理③。

而对于居民所质疑的垃圾焚烧厂的 300 米安全距离是否合理的问题，专家徐海云表示，300 米仅仅是考虑到垃圾运输的实际影响而考虑的卫生

---

① 徐海云：《"反动派"既是"纸老师"也是"真老虎"——致"番禺华南板块居民"》，2010 年 1 月 25 日，中国固废网（http：//news. solidwaste. com. cn/k/2010 - 1/20101251018066078. shtml）。

② 北京市民丙：《一个北京市民致徐海云先生的公开信》，2010 年 2 月 1 日，江外江论坛（http：//www. rg - gd. net/viewthread. php？ tid = 187719&extra = page% 3D2&page = 1）。该文作者即曾主笔六里屯垃圾焚烧厂建设可行性报告的中国电工设备总公司高级工程师乐家林，此信自 2010 年 2 月 1 日发表在江外江论坛上后，到 3 月 1 日，短短一个月内点击量就突破 2 万。

③ 世界银行东亚基础设施部城市发展工作报告：《中国固体废弃物管理：问题和建议》，2005 年 5 月，（http：//www. worldbank. org. cn/Chin... e - Management_ cn. pdf）。

距离，如果从环保角度说，300 米都是不需要的①。"北京市民丙"则指出，二噁英最大的问题在于它的迁移性、积聚性和难以消解性，因此国际社会将二噁英确定为必须要消灭的剧毒物质，其对环境的危害不能以危害源为圆心划定，当然也就不存在所谓的安全距离一说②。支持垃圾焚烧的专家对于垃圾焚烧及安全防护距离的说明实际上旨在证明政府上马垃圾焚烧项目的合理性，而结合此前媒体曾经披露过的垃圾焚烧安全防护距离标准的讨论来看，300 米的安全防护距离本身就是为了减少垃圾焚烧项目选址困境而拟定的一个标准③。该距离最初被定为 1000 米，后逐步缩减为800 米、700 米，到 2007 年再度讨论的时候，以清华大学环境科学与工程系聂永丰教授为首的"主烧派"坚持称 300 米距离是其实验室多次模拟试验证明的安全距离；而参加讨论会的官员、企业家和学者也多赞成该标准，尽管后来公布的论证意见书因赵章元等 5 人的反对而没有出现 300 米标准这条④，但最后北京市环保局对媒体发布的相关标准中，300 米防护距离这条却赫然在目，并于 2008 年 1 月 1 日开始执行⑤。事实上，防护距离的一再缩短既有地方政府管理者的压力影响，也有垃圾焚烧背后巨大的经济利益的推动；中国目前现有及在建的垃圾焚烧厂中大量设备和技术均来自外国公司，西方国家环保意识的增强迫使焚化炉公司转移到亚洲市场，而面临日益严峻的垃圾围城问题的中国政府官员却将焚烧视为解决问题的希望所在，如赵章元所言："中国正在接受一个夕阳产业的兜售，却

---

①　徐海云：《"反动派"既是"纸老师"也是"真老虎"——致"番禺华南板块居民"》，2010 年 1 月 25 日，中国固废网（http：//news. solidwaste. com. cn/k/2010 - 1/20101251018066078. shtml）。

②　北京市民丙：《一个北京市民致徐海云先生的公开信》，2010 年 2 月 1 日，江外江论坛（http：//www. rg - gd. net/viewthread. php？tid =187719&extra = page%3D2&page =1）。

③　参见徐楠、赵一海《垃圾焚烧：是出路还是歧路》，2009 年 4 月 16 日，《南方周末》（http：//news. sina. com. cn/c/sd/2009 - 04 - 16/110817622287. shtml）。赵章元在接受采访时表示，垃圾焚烧安全防护距离的缩短的一大外部压力来自于地方政府。这一点并不难于理解，在人多地少的城市中，垃圾焚烧项目的选址要远离居民区实际上显得日益困难，如果安全防护距离过大，将会加大项目选址的难度，也就加大了地方政府相关决策的难度。

④　田磊：《六里屯垃圾电厂"叫停"之后》，2008 年 3 月 14 日，《南风窗》（http：//news. sina. com. cn/c/2008 - 03 - 14/113515148947. shtml）。

⑤　马力：《垃圾焚烧场距小区至少 300 米》，《新京报》，2007 年 11 月 20 日 A06 版。

把它拿来作为自己的朝阳产业"①。但在"主烧"专家话语占据优势传播资源与传播机会的情况下，300米的防护距离之争在公共话语空间中被简化为了"安全"与否的技术问题之争，而标准背后的复杂利益驱动，在公共话语空间中却很难为普通公众所了解，对于这一点，笔者将在下文中进一步予以阐释。

从以上一系列分析中可以看出，支持垃圾焚烧的专家的风险诠释实际上无不在配合政府论证垃圾焚烧项目的安全性、必要性、合理性，并为政府项目决策的合法性提供"科学"依据。也正是从这个角度，笔者认为支持垃圾焚烧的专家在诠释垃圾焚烧风险的过程中实际上更多扮演的是官方话语的"合谋者"的角色，通过这种合谋，垃圾焚烧的真实风险被进一步掩盖。

二　利益集团游说与专家话语的"被收编"

在上一小点的分析中，支持垃圾焚烧的专家的话语似乎是主动地与官方话语进行"合谋"，积极配合政府推动垃圾焚烧项目的需要来诠释风险。但实际上，从专家支持垃圾焚烧的利益驱动因素来看，与其说这种配合是一种"合谋"，倒不如说是利益集团游说下专家话语的一种"被收编"。利益集团所利用的恰恰是专家决策模式中专家对政府决策的强大影响力。尽管就专家决策模式本身而言，风险社会中，专家系统是政府进行风险决策的重要依托，相比于公众参与的决策模式，专家风险知识要显得更为完整而理性。但是，如果专家因国家控制或利益集团操纵而丧失了其作为专家的独立性，那么这种专家决策方式的弊端也就凸显了出来。

（一）垃圾焚烧利益集团"裹挟"专家话语

虽然普通民众缺乏垃圾焚烧的专业知识，对持不同学术观点的专家之间的话语冲突难以从科学与否层面做出判断，但他们并不缺乏日常生活的经验性常识。在广州番禺区市政园林局召开的番禺垃圾焚烧项目情况通报会后，有网友迅速在网上揭露出了与会专家与垃圾焚烧利益集团之间的可能关联问题，清华大学聂永丰教授被指为焚烧炉专利技术拥有者；而提出"烤肉产生的二噁英比垃圾焚烧高1000倍"的专家舒成光则是全球最大

---

① 徐楠、赵一海：《垃圾焚烧：是出路还是歧路》，2009年4月16日，《南方周末》（http://news.sina.com.cn/c/sd/2009 - 04 - 16/110817622287.shtml）。

的垃圾焚烧发电投资和运营商之一的卡万塔控股集团中国区的副总裁和首席技术专家；中国科学院生态环境研究中心二噁英研究室主任郑明辉2007 年还曾在《人民日报》上称二噁英是"定时化学炸弹"，座谈会上却改口称二噁英是"可以控制的老虎"；最后一位专家许振成，则是负责番禺垃圾焚烧厂项目环评的环评机构的负责人，该环评机构既往所做过的4 个有关垃圾焚烧项目的环评报告没有一个未获通过。① 南方都市报也曾对广州番禺垃圾焚烧项目的承接企业广日集团是如何取得独家经营权、垃圾焚烧背后的巨额利润又是如何分配的等问题进行了详细报道，报道引用业内人士作为信源，指出垃圾焚烧项目实际上属于稳赚不赔且利润非常稳定的项目；而广日集团在获得番禺垃圾焚烧厂项目特许经营权后，以工商银行为首的金融机构为它提供的贷款授信额度高达 80 亿元。②

　　换言之，垃圾焚烧项目背后确实可能存在着巨大的利益驱动问题，而专家对垃圾焚烧项目合理性的积极辩护也可能绝非简单的学术之争。要想真正推动政府相关决策的公共性，那么无疑需要将这些影响决策的复杂因素揭示出来，以便于公众在充分知情的前提下做出更为理性的判断。

　　亚洲周刊 2010 年年初的一篇报道采访了一位曾见证利益集团在中国推动垃圾焚烧项目过程的番禺业主，该业主对利益集团游说过程的描述体现的也正是利益集团对专家话语进行收编的一种过程。整个过程通常是由学者出面以研讨会形式游说高官及地方政府，采用国外进口设备，用 BOT 经营形式建垃圾焚烧厂；参与游说和研讨会的专家都明码标价，收 1.5 万到 2 万的出场费，负责以"正面叙述"支持垃圾焚烧③。而由中国固废网等主办的"固废沙龙"便是这样一种以游说为目的的研讨会。

---

　　① 相关内容参见龙利群：《博弈番禺"垃圾门"》，2009 年 11 月 9 日，《时代周报》（http：//news. 163. com/09/1105/10/5NBLUJSE00011SM9. html）。刘刚，周华蕾：《广州："散步"，以环保之名》，2009 年 11 月 26 日，《中国新闻周刊》（http：//focus. news. 163. com/09/1126/11/5P1U7NSG00011SM9. html）。言之有误：《华南环境科学研究所的相关环评经验》，2009 年 10 月 31 日，江外江论坛（http：//www. rg - gd. net/viewthread. php? tid = 174532&highlight = % BB% AA% C4% CF% BB% B7% BE% B3）。

　　② 林劲松：《谁与广日集团共享利益蛋糕？合作企业诚毅科技是 IT 企业，无垃圾焚烧发电处理技术和经验》，《南方都市报》，2009 年 12 月 4 日 AA10 版。

　　③ 纪硕鸣：《烧不掉垃圾真相 中国环保公害揭秘》，2010 年 2 月 7 日，《亚洲周刊》（http：//ccliew. blogspot. com/2010/02/blog - post_ 7594. html）。

其实早在 2009 年 5 月，中国环境科学研究院的赵章元教授在其一篇题为"第七届固废沙龙——一个危险信号"的文章中就曾描述过这一游说过程，并提醒政府高度关注由于强力推动垃圾焚烧项目所可能引发的社会冲突性事件。这个固废沙龙由中国固废网、清华大学环境科学与工程系联合主办，专家、垃圾焚烧企业和政府官员共同参加，会议在描述了当前我国城市发展面临的垃圾围城危机的紧迫问题之后，开始邀请专家出场，阐述垃圾焚烧的先进性与合理性，并"积极鼓动政府部门要'排除干扰'，'局部利益服从整体利益'，要采取'强制和高压的法律约束和权威'，'宁可搬迁居民区，也不一定要搬迁垃圾处理场'"，极力游说政府推动垃圾焚烧项目①。而在出席广州市政府组织的专家咨询会，发现专家意见在发布之前被篡改了之后，赵章元又在其博客上发文指出了识别焚烧利益集团的三大标志，其中包括是否反复强调垃圾焚烧"无任何污染"、"完全可防可控"、"安全是有保障的"以及是否在污蔑从事垃圾分类的民众是"乌托邦"等②，批评矛头直接指向受利益集团操纵而宣传垃圾焚烧合理性的专家。

（二）发展主义意识形态"操纵"政府决策

"广州的垃圾分类，十年一场空，结果还说那是乌托邦，现在被动推行垃圾分类。但想想看，如果广州真的完全推行垃圾分类、垃圾减量，垃圾焚烧发电厂全部停建。广日集团目前仅买丹麦技术就花了 9.7 亿，再加上环保工业园 7 亿元的投入，全停了，这些投入就打了水漂，谁来负责？"③ 广州某媒体记者的这段表述与赵章元指出的辨识垃圾焚烧利益集团的标志之一，即称垃圾分类是"乌托邦"，构成了呼应与解释的关系。而在广州市政府组织的垃圾处理专家咨询会上，最后公布的专家咨询意见也抛开了原定的源头减量、回收利用等核心内容，简单将处理原则界定为"焚烧为主，填埋为辅"。理解这种矛盾冲突的一个关键因素同样离不开利益集团的驱动。如前所言，由于我国的垃圾焚烧厂一般都采取特许经营的方式，特许经营的年限多在 20—30 年，项目由私人承包商运营，他们

---

① 赵章元：《第七届固废沙龙——一个危险信号！》，2009 年 5 月 11 日，搜狐博客（http：//zhaozhangyuan. blog. sohu. com/116137704. html）。

② 赵章元：《引子：识别焚烧利益集团的三大标志》，2010 年 3 月 4 日，搜狐博客（http：//zhaozhangyuan. blog. sohu. com/145351379. html）。

③ 笔者 2009 年 12 月 25 日对广州媒体记者网络访谈的资料。

一般会有"协议照付"原则，保证城市提供最低废弃物量①。这也就意味着，如果推行垃圾分类、源头减量，那么焚烧企业的利润或将受到影响，这部分解释了为何很多力主垃圾焚烧的专家总是有意无意回避垃圾分类与源头减量，甚至将垃圾分类称为"乌托邦"的原因。

此外，笔者调研过程中，有从事生物工程方面工作的受访者在解释其反对垃圾焚烧的理由时提及，在他看来与其他科研领域的很多研究相似，主张垃圾焚烧的专家往往更易于获得来自垃圾焚烧设备企业或运营商给予的科研经费方面的支持，在相关领域取得较多的研究成果，使得他们的学术声望更易于提升，也更易于确立其学术话语的权威地位，而这些权威专家的意见要进入政府决策体系也就显得相对容易②。受访者的这些观点也间接体现了反建居民们对垃圾焚烧决策风险的一种界定方式，在他们眼中，缺乏透明决策过程的决策本身亦是风险的一部分。换言之，垃圾焚烧利益集团与专家话语背后的复杂利益关联使得政府决策所依赖的专家体系本身并非完全中立，过度依赖该体系的封闭式决策风险不容忽视。

结合前文的论述来考察，我们不难发现，利益集团影响下的专家决策有可能引发如下决策问题：一方面，利益集团通过收编专家话语，达到间接游说政府决策者的目的，这种游说一旦成功上升为中央决策，则又不可避免地会影响地方政府的相关决策；另一方面，作为政府既定决策的垃圾焚烧政策，其在推进过程中又表现出对专家话语的收编作用，一些专家从明哲保身的角度出发，不敢或不愿出面公开质疑、反对政府的既定决策；而力主垃圾焚烧的专家为了维持获利企业利润的可持续性，以各种理由或方式来论证垃圾分类、源头减量的不现实性，而不是积极地推动政府出台相关措施，从源头控制垃圾的增量，由此反而扩大了相关决策的持续性风险。

尽管由于垃圾焚烧项目周边居民的反对与抗议，这些决策背后潜藏的风险问题正被逐渐揭示出来，迫使政府开始尝试推动垃圾分类工作，但就目前相关工作的进展情况来，形势不容乐观，不仅垃圾分类本身能否成功尚存疑问，即便垃圾分类试点成功，能否改变政府垃圾焚烧厂建设的计划

---

① 参见世界银行东亚基础设施部城市发展工作报告：《中国固体废弃物管理：问题和建议》，2005 年 5 月（http：//www.worldbank.org.cn/Chin...e – Management_ cn.pdf）。

② 笔者 2009 年 12 月 18 日对广州番禺居民访谈的资料。

也仍是未知数①。这正如广州某媒体记者在深度调查了番禺垃圾焚烧厂事件后所感慨的，"就单纯广州垃圾焚烧发电方面，还有很深的内幕我们还没完全挖掘出来。而国家的垃圾焚烧政策，更为可怕。这时候，作为媒体记者，会感到很无力。这就好比你看见了黑幕背后的重重玄机，但因为种种原因，却无法揭开这个幕布。"② 记者所谓的"重重玄机"无疑指向了政府公共政策决策背后专家、政府官员、利益集团之间千丝万缕的复杂关联，而阻碍他们揭开黑幕的诸多因素中，政府对相关信息的秘而不宣、专家话语中立性的消失以及媒体自身所处的特定体制环境无不被囊括于其中。这段话实际上也提醒着我们，在政府凭借其所掌握的国家权力来强行推动一项可能威胁公共利益的风险决策时，仅仅寄希望于通过媒体的舆论监督来影响甚至改变政府决策无异于是一种虚妄的想象，同时也更加凸显出建设性的公众参与对于抑制决策风险的重要意义。

简言之，垃圾围城是城市化进程下，政府专注经济发展，忽略社会公共事务管理的产物，政府多年来推动垃圾分类和源头减量的工作成效甚微，以至于出现了今天摆在各大经济发达城市政府案头的垃圾围城危机，面对危机，部分专家极力推动政府上马垃圾焚烧项目，而不是推动政府积极反思既往垃圾处理不当造成的历史遗留问题，这本身同样体现的是汪晖（2008）所指出的发展主义意识形态的问题，要摆脱唯发展主义的观念，必须揭开这种普遍性的发展主义共识，将发展主义和发展模式作为整体性批判对象进行反思。这种反思所遭遇的阻力无疑是巨大的，而在专家话语自身被收编入这种发展主义模式之中时，公众对相关决策风险的积极反思与策略性行动也就显得格外重要。

第三节　策略性的公众话语

由于大众传媒新闻生产所依循的常规多偏向权威信源，使得相较于掌握有政治权力资源的政府和掌握着知识权力资源的专家而言，普通公众在风险定义权的争夺过程中常常居于显在劣势地位。有研究者曾以消息来源

---

① 相关报道或评论可见：《北京居民将制定垃圾分类方案 寻求资金支持》，2010年3月22日，《京华时报》（http://news.sohu.com/20100322/n270988102.shtml）。郭巍青：《广州垃圾分类还缺公共预算》，《南方都市报》，2010年3月26日 AA31版。

② 笔者2009年12月25日对广州媒体记者网络访谈的资料。

的社会学为研究视角，考察了我国的环保 NGO 组织在建构环保议题过程中的媒介近用策略及其对媒体框架的设定与影响，发现文化资本的运用和消息来源角色的扮演是他们成功近用媒介的重要原因，通过为媒体记者联系与安排采访对象，NGO 组织善于结构富有冲突的议题故事，提供最为充分的信息补贴，满足不同偏好媒体的差异化信息需求，从而使得他们建构的环境议题得以顺利进入媒体视野（曾繁旭，2009）。这种基于消息来源视角的研究固然为理解我国社会环境运动中运动者的媒介近用提供了新的视角，但是由于其所考察的"金光集团云南毁林"和"圆明园铺设防渗膜"这两个案例本身不存在显在的内在冲突，而 NGO 组织作为一种组织化信源，在近用媒介上又有其不容忽视的组织和资源优势，因此其所使用的媒介近用策略亦难以套用到普通民众身上。而即便同为居民反对垃圾焚烧厂的案例，居民在近用媒介的有效性上也存在显著差异，这一点已在本书第三章中予以了详细论述，在此不再赘言。本节将主要对风险博弈中策略性的公众话语予以分析，考察北京六里屯和广州番禺两个案例中的公众在参与过程中是如何争取自己的话语权的。

一　抽象风险的具象化

在第一章和第二章的案例叙述中已经显示，两个案例中公众参与行动的开端实际上都是因为垃圾焚烧风险的问题化。问题化不仅是行动动员的关键所在，同时也是有效建构一个环境议题的关键所在（汉尼根，2006）。风险的问题化又往往依赖于不可见风险的可见化与具象化。

对于六里屯居民而言，由于六里屯垃圾填埋场臭气扰民的切身感受在先，只需强调垃圾焚烧厂的建设无疑将延长垃圾填埋场的使用年限，抽象的垃圾焚烧风险便得到了具象化，不仅如此，居民调查还发现，距离垃圾填埋场最近的常住人口仅 1000 人左右的西六建小区，2000—2007 年就有70 余人被确诊为肿瘤，其中 46 人已死亡，其死亡率和发病率均高于全国平均数值数倍，而六里屯垃圾填埋场则是 1998 年建成并投入使用的。[①]与六里屯垃圾填埋场仅一墙之隔的空军信息工程学院的一次体检中，500

---

① 乾翁：《千人单位 7 年时间 46 人死于肿瘤——六里屯垃圾填埋场二次环境污染的惨痛教训》，2007 年 3 月 7 日，搜狐焦点网中海枫涟山庄业主论坛（http://house.focus.cn/msgview/1396/77606884.html）。

名官兵没有一个合格①。这些可见损害不仅成为了居民用以动员周边小区居民参与到反对垃圾焚烧厂行动中来的有力说辞，同时也成为他们向媒体阐释他们自身行动合理性与正义性的重要证据，以便于争取媒体提供的道义支持。而在广州番禺垃圾焚烧厂事件中，李坑垃圾焚烧厂的现状则成为了反对垃圾焚烧的居民们调动媒体注意力的关键性内容。这座先后被评为国家重点环境保护使用技术示范工程和广东省市政优良样板工程的垃圾焚烧厂，业主亲赴实地调查却发现，项目周边村民癌症高发，自己家菜地种的菜自己却不敢吃，都拿到广州市区去卖；而从这个号称采用世界先进技术的垃圾焚烧厂中出来的灰渣里却还有塑料、鞋等未完全燃烧的物质。业主将调查的详细经过和图片都发布在了网上，还有业主在网上上传了视频文件，视频中业主用"比火葬场焚尸"还要难闻来形容李坑附近的空气，画面中，偌大的垃圾焚烧厂的烟囱中正往外冒白烟，被访问到的村民则表示那些烟有时候还是红色的，村里有钱的已经搬出去住了，"没钱就等死了"，政府部门当初承诺一年给他们体检一次，但从2007年运行至今却从未兑现，也从未给过那些癌症患者任何赔偿；片子结尾部分是一组孩子的镜头，旁白说"村里的小朋友们对同情的摄影者说，'叔叔，这里的晚上很臭，睡不着'。看一眼纯真的孩子都会让我心如刀绞，他们的健康，他们的未来会怎样？拿什么拯救你，李坑人民？"② 这些活生生的现实场景和对于童真孩子未来的担忧不仅使抽象的垃圾焚烧风险以一种可见的现实危害的方式获得了体现，使信息接受者对垃圾焚烧的危害产生感同身受的在场感；同时也运用了情感诉求方式以调动信息接受者的社会正义感，并在行动者内部建构起一种社会责任感。而在这些具象化的风险表述中，政府和专家口中技术先进、安全可靠的说辞不攻自破。对公众而言，在缺乏强有力的监管体系的情况下，再先进的技术亦不安全。

① 杨猛等：《还我新鲜空气》，2009年4月20日，《南都周刊》（http：//www.nbweekly.com/Print/Article/7553_0.shtml）。

② 《拿什么拯救李坑人民》，2009年11月14日，56网（http：//www.56.com/flashApp/56.09.11.27.swf? img_host=v163.56.com&host=c46.56.com&pURL=22&sURL=5&user=lvan5587&URLid=zhajm_12584621028hd&totaltimes=793700&effectID=0&flvid=47737408&56.swf）。图片资料可详见广碧村民自发到李坑垃圾焚烧厂的调查记录，2009年11月16日，江外江论坛（http：//www.rg-gd.net/viewthread.php? tid=176734&highlight=%D7%D4%B7%A2%B5%BD%C0%EE%BF%D3）。

事实上，对于政府而言，官员中鲜有垃圾焚烧风险的专家，他们对于风险的认知与判断也常常是支持垃圾焚烧的专家"说服"的结果，上一节对垃圾焚烧利益集团游说政府的过程的说明已经证明此点。而对于媒体从业者而言，他们同样只是缺乏风险专业知识的普通人，从风险传播的角度来说，无论是官员还是媒体从业者，都可以被纳入"民众"的范畴。相关研究一再证实，民众对风险的判断通常是基于情境的价值判断，而专家则关注的是风险概率、死亡率等；对个人而言，风险是灾害与伤害知觉的总和（risk ＝ harzard + outrage），而专家看重的是数据与概率（吴宜蓁，2007）。因此，将抽象、不可见风险变为具象化的可见危害是反专家说服的关键。

在北京六里屯居民反复拜访政府官员的过程中，对垃圾焚烧可见损害的描述成为双方达成相互理解的关键因素，用受访者的话说"人心都是肉长的，他们（注：指政府官员）可能开始觉得这个二噁英影响不大，随着沟通次数的增多，他们也开始能够理解我们。"① 从该引述中可窥见，对垃圾焚烧风险的具象化描述在居民对官员"动之以情"过程中的作用。广州某媒体记者也表示，他以及他所在的媒体最初对事件新闻价值的判断主要还是考虑政府垃圾处理的困境，同时也关注居民的反对声音。在早期的调查报道过程中，他们发现广州自20世纪90年代以来的垃圾填埋场建设就曾因居民的反对而多次中途而废，政府垃圾处理的难处也是可以理解的，但随着居民反对声音的高涨，尤其是在接到李坑周边村民癌症高发的报料之后，他们开始意识到，"对于垃圾焚烧发电厂这个公共政策，必须重新进行审视。它已经超越了邻避主义的范畴。而是涉及公众安全的重大事件。"② 这侧面辅证了垃圾焚烧风险具象化的传播策略的有效性，通过这种方式，原本高度抽象、后果难以预测的垃圾焚烧风险被以一种直观可见损害的形式呈现，不仅有效动员了相关公众的积极参与，同时也调动了媒体的社会正义感，重新定义了垃圾焚烧政策的"公共性"。

二　揭露被遮蔽的风险

无可否认，抽象风险的具象化本身即是对政府一再使用的技术风险框

---

① 笔者2009年11月4日对北京六里屯居民访谈的资料。

② 笔者2009年12月25日对广州媒体记者网络访谈的资料。

架下被遮蔽的风险的一种揭露，但它更多体现的是民众与专家之间的风险认知方式的差异，尚不能代表公众在争夺话语权的过程中与政府进行风险博弈的全过程。如本章前文中对官方和专家话语的分析中所发现的，垃圾焚烧风险背后的利益集团的游说、政府决策中所体现出的"发展主义意识形态"才是导致决策风险的关键所在。而对于公众而言，揭露这种被遮蔽的风险对于争取更大范围舆论支持，警示风险的灾难性后果具有重要作用。

从前文中，我们已经看到，政府在说服公众接受风险过程中存在一种政府决策天然的公共性的假设，强调在程序化的决策制度的保障下，政府决策绝不会侵害公共利益。而北京六里屯居民则拿出了海淀区政府在六里屯垃圾填埋场政策决策过程中弄虚作假、瞒报环境真相的历史性证据，同时又搬出了海淀区政府当初对周边居民承诺填埋场"100 米外绝对没有臭味"的承诺至今未能兑现；而当初政府在说服西六建垃居民接受填埋场时亦采用的是与今天说服公众接受垃圾焚烧时相似的说服策略，强调项目技术先进等因素；在这种针锋相对的话语之下，政府以程序保障公共利益之实现的说法难以令人信服。在广州番禺垃圾焚烧厂事件中，政府再三强调"环评不过关绝不开工"；居民则查出了负责项目的华南环境科学研究院在既往所做的 4 份对于垃圾焚烧项目的环评报告中，没有一份是未通过的，试图以此说明环评常常流于形式，不可取信；在政府再三强调决策是基于公共利益的情况下，番禺居民主动向媒体报料揭示出的官员借车、权力腐败等问题则无疑亦使政府决策的公共性处于尴尬境地。

对于政府借以用来说服公众而选用的专家话语，居民则从专家身份的独立性开始质疑，揭示出专家背后的利益驱动问题。不仅如此，很多居民主动搜集、查阅甚至翻译国内外垃圾焚烧与垃圾处理相关的文献资料，驳斥政府将垃圾焚烧美化为"节能环保"的无害化垃圾处理手段的遮蔽性话语，揭示出垃圾分类、源头减量、资源化利用方才是城市垃圾处理的首选之策。这些话语对于媒体而言亦不再只是居民基于个人利益出发的简单反对，而是揭示出决策背后政府决策的科学性、民主性与合法性的问题，激起了他们作为社会监督者的道义感和以"服务公共利益"为专业主义核心要旨的专业精神，从而更为积极地介入到公众参与的行动过程中，成为了公众话语表达的重要场域。

这一系列说服与反说服的过程也就是公众与政府进行风险协商的过

程，这种协商以事实性资料、证据为基础，以公共利益为目的，通过揭示出政府有意或无意遮蔽的风险问题，公众话语实际上对官方和力主垃圾焚烧的专家的话语起到反思与批判的作用。

三　行动作为话语

正如前一章所分析到的，北京六里屯与广州番禺这两个案例中公众参与的最大差异体现在媒介近用及其所享有的媒介话语权上。在六里屯居民整个行动的过程中，大众传媒几乎没有对他们的具体行动进行报道，他们的参与更多的是以直接的行动来进行的；而在广州番禺垃圾焚烧厂事件中，尽管居民的行动过程得到了媒体很高的关注，但换一个角度说，他们之所以能够得到媒体的关注又是与他们所采取的行动密不可分的。这些行动作为一种参与的重要方式又总是与他们所使用的话语相关联的，话语所体现的是他们对于行动目的、意义乃至价值的理解与界定，这种话语策略通过行动所获得的回应则是检验策略有效性的重要依据。

（一）以行动争取利益诉求的公开表达

北京六里屯居民选择在 2007 年 6 月 5 日世界环境日当天到国家环保总局门前请求该局为他们做主，当年世界环境日的中国主题就是"建设生态安全与环境友好型社会"，这种行动时机的选择实际上是借用了官方话语资源来赋予自己的行动以积极合法意义，从而保证了行动的安全性和表达的有效性。在随后 2009 年初媒体不断报道官方有关六里屯垃圾焚烧厂项目将继续推进的消息时，六里屯居民则又选择了在当年世界地球日前夕自发组织起来赴小区周边宣传"垃圾焚烧 科学选址"和"垃圾分类 源头减量"，用居民自己的话说，行动的目的之一是为了进行宣传，为日后公众参与打下群众基础，行动目的之二则是带有"行动演习"的意味，"看看事情过去那么长时间了，队伍还拉不拉得起来，也让政府知道咱们还在关注这事"[①]；通过当天活动征集到的项目周边上万人签名的条幅等则被居民在随后的世界环境日当天送至了国家环保部，以表达他们对 2 年前国家环保总局做出缓建决议的感谢。在广州番禺垃圾焚烧厂事件中居民的大量行动也同样既是他们主动争取自己的传播权利的表现，同时行动本身又被作为展示话语的方式。戴口罩聚会，戴防毒面具、穿环保 T 恤、

---

① 笔者 2009 年 11 月 14 日对北京六里屯居民访谈的资料。

举反对垃圾焚烧标语游地铁，"晒车贴"，在广州市政府门前高喊"要求对话"、"尊重宪法"的口号等等也无不是公众话语表达的重要方式。

（二）以行动彰显公众理性参与价值

除了这些抗议表达行动，两地居民的整个参与过程实际上也是一个摸索公众有效参与政府决策的长期行动过程。正如六里屯的一位受访者所强调的，"维权维得好一定要是学习型的。不能凭一股热情，一定要学对方东西。"① 北京受访媒体记者也不无感慨，这些居民"从对污染一点不懂到后来变成专家呀，特别不容易……到后来很多事情被中止了，媒体发不了，但公众发挥了很大作用。"② 在我国媒体尚缺乏独立性，对政府风险决策议题的监督常面临重重阻碍的现实环境下，公众的积极行动往往成为影响政府决策的关键性力量。

事实上，为有效揭示官方与专家话语中被遮蔽的垃圾焚烧风险和因此而被简化的垃圾焚烧决策议程，两地居民中的许多积极参与者都投入了大量时间、精力，通过持续理性的传播与行动去影响政府决策。如六里屯的一位受访居民不仅先后自学了我国的信访条例、行政诉讼法、环境影响评价法等公众参与的法律知识，还自学了大量有关二噁英、垃圾渗漏液防渗处理的专业知识，居民们都很尊敬他，称之为"老师"；广州番禺江外江论坛上有关垃圾焚烧风险的辩论更是表现出非常高的专业水准，业主们合作起草的"致全国人大的公开信"，全文长达1万多字，不仅系统阐释了垃圾焚烧给我国社会、环境、经济以及政治四个层面带来的重大安全隐患，更有理有据地对垃圾处理系统工程建设进行了深入论述，并对相关决策提出了诸多具体建议。包括对垃圾焚烧议题起到重要推动作用的北京阿苏卫居民反建垃圾焚烧厂的行动，同样不仅仅表现在数十辆车贴着反建标语围绕阿苏卫周边游行或是上百人聚集在农业展览馆前集体抗议等抗争表达行动上，他们也同样对相关问题进行了大量深入的学习研究，并在2009年1月交出了一份颇具分量的"民间研究报告"——《中国城市环境的生死抉择——垃圾焚烧政策与公众意愿》，并通过多种渠道将报告提交给了北京市多个相关政府部门和专家③。也正是居民们这种理性表达的

---

① 笔者2009年11月4日对北京媒体记者访谈的资料。

② 笔者2009年11月5日对北京媒体记者访谈的资料。

③ 王强、徐海涛：《博弈阿苏卫》，2010年4月8日，《商务周刊》（http：//money. 163. com/10/0408/15/63OP21LB00253G87. html）。

参与行动最终促成了两地政府邀请民众代表随团考察澳门等地垃圾焚烧项目的举动。

（三）以行动传播"公民的勇气"

更为重要的是，在公众参与的过程中，我们可以看到国家权力对公众日常生活的微观渗透之下，公众行动本身事实上所需要的首先是莫大的勇气。有番禺居民在被警察"请喝茶"之后便淡出了行动①，六里屯居民的核心参与者也经常接到警方电话，甚至在后期反建的过程中，连借用小区物业会议室开会都被要求提前登记，并被告知不允许讨论六里屯垃圾焚烧厂的事，否则由此所引发的一切后果由登记者负责②。基于这些背景，笔者在此必须强调的一点在于，对于居民所采取的积极行动而言，行动中所具体使用的话语策略并非最关键的，关键的是行动所体现的"公民的勇气（civil courage）"（Swidberg/转见沈原，2007）被作为一种话语生产了出来，并得到了媒体的广泛响应，公民权利、公民意识、公民行动被作为媒体对事件进行评价的关键词频频出现，建构起公民对于自身公民身份的集体认同感。从这个意义上说，我们强调转型期公众对政府决策的参与时不仅要看到他们所表达出来的话语，而且还应当看到他们勇于付诸理性行动、率先追求其公民权利的勇气。

公众参与的本质是公众与政府之间就公共政策所展开的协商，而正如协商民主理论家所共同强调的，协商不仅是达成共识的过程，同时也是公民教育与培育公民美德的过程，通过协商所达成的民主的理想目标正在于一种积极的公民生活，通过建构公民个体的公民身份使他们自觉介入到公共政治事务的治理之中，并努力实现公民的自治（陈家刚，2004a；博曼、雷吉，2006）。也正是在此意义上，笔者将公众参与过程的积极行动视为一种公民话语的生产机制，试图强调公众参与过程中对自身主体性的积极建设对实现有效参与的重要性。我们有必要认识到，认同和追求、理念与行动并非一回事，在公众利益表达空间尚十分有限的情景下尤其如此（参见沈原，2007）。这种通过行动得以生产出来的公民话语，其自身便是公众积极、持续地参与政府公共事务管理的动力与保障。

---

① 笔者 2009 年 12 月 18 日对广州番禺居民访谈的资料。

② 笔者 2009 年 11 月 7 日对北京六里屯居民访谈的资料。

小结　公众参与促成相对公正的风险博弈

一　"公共利益"的重构与决策偏好的矫正

垃圾焚烧作为一项影响公共利益的重大公共决策，从民主决策的角度来说，它本当是利益相关各方共同讨论与协商的结果。然而，由于我国转型期公众参与的制度建设尚不完善，一些重大风险决策的公众参与环节设置形同虚设，使得相关决策的决策风险被后置，导致公众对政府不满情绪短时间内升级，诱发社会冲突性事件。这种逻辑不仅表现在北京六里屯和广州番禺两地居民反建个案中，也不仅仅表现在全国多地的垃圾焚烧风险决策议题上，综观我国厦门、大连、宁波、成都等多地发生的 PX 事件，我们都不难从中看到相似的逻辑脉络。

从风险话语博弈过程来看，政府作为风险社会中至关重要的风险决策者，不仅占据着风险信息优势，还掌握着界定与阐释风险信息的主动权，通过对风险信息的选择性发布、形式化公众参与及其对传播资源的多元控制，有意或无意地遮蔽着垃圾焚烧风险真相，简单将该技术建构为破解当下垃圾围城危机，服务社会公共利益的"民生项目"，简化了垃圾焚烧的环境与社会风险。而原本应以中立、客观样貌出现的专家话语，却因为利益集团的游说、国家权力的操控等部分地失去了其专业判断上的独立性，与官方话语"合谋"遮蔽风险真相。在政府"一烧了之"的简单决策背后，以经济增长和城市化为中心思想的发展主义意识形态体现出对官方和专家话语的强大影响力（参见汪晖，2008），妨碍了政府、专家对决策风险的主动反思，使得他们往往将可见利益摆在第一位，忽视了决策可能引发的后续危机。

随着公众高涨的环境意识与政府滞后的环境风险决策制度之间矛盾冲突的逐步升级，公众为有效影响政府决策，积极通过体制内外多元参与渠道进行利益表达，重构风险决策的"公共性"意涵，揭示出被官方话语及其与之合谋的专家话语风险叙事的"遮蔽性"。该过程表现出的其实正是以协商民主理论为基础的公众参与对政府决策偏好的矫正作用。公众参与下的政府决策过程本身就是一个偏好转变的过程，通过对他人观点的考量，人们可能改变自己原来的偏好，或者说，达成决策共识的需要要求每个参与者都必须以他人能够接受的原则或政策的形式提出自己的建议（米勒，2007：285）。公众参与冲破了为政府和"主烧"专家话语所垄断的风险定义，令决策背后的利益驱动问题以及政府盲目上马垃圾焚烧项目可能诱发的环境、政治、经济以及社会风险浮出水面，不仅令政府发展主义意识形态主导之下相关公共决策的"公共性"遭遇重大挑战，决策自身的"合法性"也遭受质疑，迫使政府重新启动民主决策程序，吸纳公众意见，修正既定决策。

当然，公众参与之下的风险辩论矫正的不只是政府既定决策的偏差，如本书第三章对媒介近用对公众参与品质影响的分析所言，对普通参与者而言，参与过程中多元意见的引入本身对于公共讨论中的个体偏差同样具有矫正作用。六里屯居民在反复"拜访"过程中深刻感受到，"政府确实也有它的难处"，换位思考后，他们不再只是简单地反对在六里屯建设垃圾焚烧厂，而是一方面强调"垃圾焚烧 科学选址"，另一方面也强调"垃圾分类 源头减量"的重要性①，尽管由于缺少媒体资源支持，他们后续参与诉求在公共话语空间中多处于"不可见"状态，对政府决策的影响力表现得有限，但就受访居民对自身利益诉求的描述而言，仍然可以清晰发现他们逐步剔除个体利益偏好的过程；而北京阿苏卫居民从最初的集体抗议到后来提交的《中国城市环境的生死抉择——垃圾焚烧政策与公众意愿》的"民间研究报告"，同样体现出公众参与过程中参与者个体对自我认知偏好的理性矫正；而这种个体偏好矫正轨迹展现得最为明显的还是番禺反建案例，从居民最初的《坚决反对番禺大石垃圾焚烧发电厂30万业主生命健康不是"儿戏"》的倡议书到后来发出的邀请番禺官员到小区讨论垃圾处理政策的邀请函、向专家发出的垃圾焚烧公开辩论的公开信，再到此后的《致全国人大公开信》展现出清晰的"局地居民环境维权——影响地方政府决策——参与中央公共政策决策"的变化轨迹。

从垃圾焚烧宏观议题的公众参与来看，其影响不仅表现在对政府特定项目或议程决策的修订作用上，还体现在对政府公共决策体系的修订上。例如，受广州番禺垃圾焚烧厂事件影响，2010年5月，广州市政府出台《重大民生决策公众征询工作规定》，明确提出：凡涉及民生的重大决策，都必须在决策前充分听取市民意见。同年10月，又出台了《广州市重大

---

① 笔者2009年11月对北京六里屯居民访谈的资料。

行政决策程序规定》，以政府规章形式，将科学、民主、依法的行政决策机制固定化、法制化；2011 年，再次配套出台了《广州市重大行政决策听证试行办法》，对行政决策的听证程序进行了进一步的规范①。

对处于制度革新和转型过程中的中国社会而言，政府如何做到民主决策，公众如何有效参与决策都仍是有待于在摸索中不断创新的议题，而通过对垃圾焚烧风险决策中公众参与过程的分析，我们不难发现，政府作为公众授权的决策者，其决策的"公共性"并非天然具有"合法性"，尤其是对于涉及重大环境风险的公共决策而言，公众的积极理性参与是揭示风险真相，促成风险博弈力量的相对均衡化，帮助政府有效规制风险的重要力量。而在公众参与制度化建设不足的现实情境下，媒介在保障公众知情、表达、参与以及监督权的实践中具有重要意义。

二　公众参与建构"先于体制"的传媒公共性

垃圾焚烧风险决策参与各方的力量较量以媒介为核心竞技平台，处于弱势地位的普通公众通过媒介了解政府相关决策信息，并依据媒体传递的官方话语理解与诠释政府决策立场与决策动向，据此选择差异化的行动与表达策略。在受到体制性束缚难以自主践行传媒公共性的传播环境下，公众话语对官方以及部分专家话语"遮蔽性"的揭示在赋予公众话语合法性的同时也赋予了传媒传播的正当性。

北京六里屯居民在近用媒介遭遇种种障碍的情况下，采取多种行动自行论证政府相关决策的不合理及不合法性，如自发发放问卷收集项目周边居民对垃圾焚烧厂建设的公众意见，调查六里屯垃圾填埋场对周边居民造成的健康损害证据以及策略性地进行集团抗议表达等，并成功迫使环保总局作出项目缓建决定，这一官方表态在赋予居民行动合法性意义的同时也赋予了媒体对该议题报道的合法性，引发了国内多家媒体对事件的关注，垃圾焚烧的风险争议也正因此才进入公众视野，成为此后全国多个城市居民反对垃圾焚烧时引述的"经典案例"；而广州番禺事件之所以能够得到媒体长时间持续关注，同样与番禺居民的积极行动分不开，在政府通过媒

① 章宁旦：《公众参与风险评估过错问责 广州市重大行政决策程序日臻完善》，2013 年 1 月 14 日，《法制日报》（http：//epaper. legaldaily. com. cn/fzrb/content/20130114/Articel06006GN. htm）。

体做出强硬表态，表示将坚定不移推进垃圾焚烧项目后，居民先后发帖披露了出席政府相关新闻发布会的专家与垃圾焚烧利益集团之间存在利益关联、广州市副秘书长吕志毅弟弟及儿子为垃圾焚烧企业高管以及广日集团曾向垃圾焚烧项目决策的重要参与机构——原广州市市容环卫局领导"赠车"等等问题，这些问题直指政府相关决策背后的权力腐败问题，不仅为媒体报道赋予了"监督公权力"的正当性，也进一步确立了番禺居民反建行动的正义性。此后，居民又借助发帖邀请政府官员与专家就垃圾处理问题展开公开讨论等行动不断为媒体提供可供报道的新闻线索，逐渐揭示出官方和部分专家话语中被遮蔽的风险真相，使事件发展为一个引发社会广泛关注的公共议题。从这个角度说，公众策略性的参与在建构自身行动意义的同时也拓展了传媒专业主义实践空间，而"被解放"的传媒则借助公众参与、公民权利、民主决策等合法化话语为公众话语进一步"赋权"，积极推动公众与政府间风险对话与协商的展开。

　　借助于媒体这一公开讨论与协商平台，风险博弈各方关于垃圾焚烧风险的不同的观点获得公开展示，并构成一种间接的讨论与辩论，不断建构着渐趋完整的风险真相，揭示出官方和部分专家不愿言说、有意遮蔽的垃圾焚烧风险。借此，垃圾焚烧政策是否服务于公共利益、政府决策的公共性能否成立等问题都陆续进入到讨论话题之中。也正是从这个角度说，公众的积极参与和策略性行动不仅是公共讨论得以展开的重要推动力量，同时也是维持媒体关注，进而使垃圾焚烧议题发展成为一个公共议题，成功吸引多方意见参与到讨论当中，提升公共讨论品质的关键所在。在此过程中，大众传媒作为公共领域的公共性得以有效建构起来。

　　与此同时，这种在实践场景中建构起来的传媒公共领域中的话语的微观生产机制也凸显出了转型社会下国家权力结构、媒体体制以及不同社群间传播资源分配的差异对于公共讨论的深刻影响，提示研究者如果试图将传媒公共领域建构为一种理想的利益表达与协商的有效机制，必然依赖于整个社会和政治体制民主化进程的推进（参见赵月枝，2008），但是在这种体制基础尚不存在的条件下，公众的参与的确有可能创造出"先于体制的自由"（单波，2008），建构出基于特定情境的传媒公共性。

结　语

构建公众有效参与的协商平台

我国近年来频发的各类冲突性环境事件可以说是转型期高涨的公民权利意识与政府相对滞后的民主决策体系间冲突的一个缩影，尽管公众参与作为化解冲突的重要制度建设的理念已经得到广泛认同，但在具体制度建设实践层面依然存在诸多问题。由于公众参与制度性保障不足，我国公众参与确如有学者所言，表现出鲜明的"媒体驱动"特色（展江、吴麟，2009），媒体对特定议题的建构深刻影响着相应议题中公众参与的现实表现。然而，媒体对特定议题的建构本身亦社会结构中多元社会关系复杂互动的结果，体现的是媒体与政府、利益集团和公众间的关系状态乃至整个社会的权力结构状况（夏倩芳、张明新，2007）。因此，对冲突性环境议题中传播与行动之关联的考察实质上探究的是我国转型社会中多元利益表达冲突的生成与化解机制问题。

一　我国转型期公众参与的现实困境与实践策略

公众参与作为转型社会风险规制的重要路径，其实现以公众知情和表达为前提，但是通过本研究的案例考察不难发现，尽管相关制度设计上并不缺乏对公众参与环节的考量，但对于如何保障决策层面公众参与实际效用的发挥却表述模糊。在此背景下，政府以发展主义意识形态作为决策公共性的核心评价标准，忽略公众对社会公平、环境保护等发展内涵的公共需求，把自己视为公共利益的天然代言人，并将公众排除在决策程序之外，使决策过程的公众参与流于形式，难以发挥规制风险的作用。而从公众角度出发，在对政府相关决策完全不知情或未充分知情的情况下，理性有序的公众参与实际上无从谈起。

而在公众通过政府有选择性的信息公开渠道或媒体报道渠道获知与自身利益紧密相关的决策风险之后，他们首先选择的实际上都是体制内合法化的利益表达与协商渠道，如信访制度、人大政协制度、行政复议与诉讼制度等，用受访者的话说"这事最终还得政府解决"①，但不管是递送申诉信、常规上访、申请行政复议还是诉诸直接的司法救济渠道，均未能促使政府给予正面积极回应。而且公众近用这些管道表达利益诉求的过程本身也是障碍重重，这些障碍既包括表达无效或效果迟滞（如北京六里屯居民多次向相关部门递送申诉信却迟迟没有回应），也包括部分管道根本难以近用（如广州番禺居民欲起诉番禺区市政园林局决策程序不合法，结果没有律师敢接此案）。在近用这些体制内有序参与管道表达和维护自身正当权利遇阻的情况下，大众传媒被公众寄予了维护社会正义、监督公权力的美好期望，并被居民视为捍卫公共利益的重要保障。"其实老百姓在维权这方面吧，当跟政府对话不通畅时候，对媒体抱的是第二大希望，就是希望通过媒体，引起社会关注。然后媒体也不通，老百姓真的就会特别绝望，然后就可能会有些过激行为，所以为什么这种现象特别多？真的不能全怪老百姓，因为你政府又不沟通，媒体呢又不介入，（老百姓就是）被逼的呗。……大家没办法。"② 受访者的这段表述清晰地体现了他们所选择的传播路径与集体行动之间的逻辑关联。诉诸包括大众传媒在内的体制性利益表达管道的表达行动的不畅乃至于失效，应当成为理解当下社会冲突频发的关节点之一。

以西方社会运动理论视角来看，随着我国改革步入"深水区"，各种社会矛盾及由其所引发的社会冲突性事件也频繁发生，转型社会风险骤然加剧，强烈的"被剥夺感"一方面刺激底层民众产生强烈的参政议政的社会需求，另一方面也使得转型期各种社会不公现象具有了广泛的社会动员潜力，容易诱发集体抗议行为。而集体抗议行为是否产生则在很大程度上取决于政治机会结构，即政治体制对社会运动的开放程度，这种开放程度影响抗议动员的可能性。而抗议本身被视为一个议价（bargaining）过程，挑战者所争取的回报来自于被挑战者的让步，这种回报取决于被挑战者对妥协所可能付出的代价的衡量（Wilson，1961：294）。如果将公众为影响政府决策而践行的参与行动视为公众与决策者"议价"的过程，那么假若公众所采取的行动不能使政府认识到可能付出的损失，就可能难以

---

① 笔者 2009 年 11 月 7 日对北京六里屯居民访谈的资料。
② 笔者 2009 年 11 月 7 日对北京六里屯居民访谈的资料。

获得政府积极回应与妥协让步，而为了迫使政府作出妥协，公众就有可能采取更进一步的行动来表达自身诉求、维护自身权益。

集体抗议的产生多与公众诉诸体制内渠道普遍存在的表达梗阻、表达无效、反馈迟滞、沟通的外部效应差，难以为有参与需求的公众广泛获知等弊病相关联，而媒体作为公众利益表达的开放平台，由于受到宏观政治环境、特定新闻体制、新闻常规、组织常规等因素的限定，在公共利益表达与协商实践过程中的表现具有不确定性，难以保障公众诉诸该渠道的表达及参与实践的传播效果。在诉诸体制内多元表达管道的参与实践难以争取到政府决策者的积极回应，甚至换来决策者表态及行动上的负面反馈的情况下，集体抗议往往成为他们竞逐体制内权力资源，增加他们作为弱势公众与强势政府决策者对话筹码的重要策略手段。

而公众对于抗议时机、行动口号等的策略性选择事实上也体现出他们对威权体制下政治机会结构开放度的准确判断，借助世界环境日、世界地球日、政府公开接访日等具有天然"保护色"的行动时机和倡导环境保护、建设和谐社会、尊重宪法等合法化话语，行动者谨慎遵循着风险最小化的行动原则，在不冲击体制合法性与稳定性的前提下迫使政府作出顺应民意的决策让步。

尽管从公众参与的整体策略来看，异时异地的居民表现出了相似的行动逻辑，但正如本研究中对北京六里屯和广州番禺两地居民公众参与品质的讨论中所指出的，公众参与制度化建设不足现状下，公众差异化的媒介近用对其参与路径和参与目标的设定仍然表现出显著影响。在公共话语空间中，北京六里屯居民的反建被打上清晰的"邻避运动"的标记，广州番禺居民的反建则被普遍赞誉为"公民行动"，这种差异化的外部认知本身亦体现出两者在媒体建构中的差异，而追究这种媒体建构差异产生的原因，则回到了研究中对公众媒介近用困境原因的分析上，差异化的议题背景、政治环境、媒介环境均深刻影响着公众对于媒介近用状况，并反过来深刻影响着公众参与的现实表现。

"刚开始我们提反焚，后来不提反焚，因为你一味反焚烧的话不解决问题，那政府有问题，怎么办？那我们就给他们提出科学选址，告诉他们必须烧的话必须科学选址，而且也证实六里屯周边很多敏感单位……他们（注：政府）也在软化立场，不像当初他们就是要这么干……所以呢就是XXX（注：某居民）对这点比较敏感，能看到政府在变，那我们也要改变，不能一昧地对抗对立，把矛盾激化，逼着政府去决策。"① 六里屯受访居民的这段表述清晰阐述了他们的行动目标的选择逻辑，它实际上是行动者在权衡自身具备的"议价"筹码、可能遭遇的行动阻力与可能获得的回报后，通过主动妥协与让步，促成与政府进一步协商的可能。而遭遇相似问题的番禺反建居民在面对外界做出的"番禺人自私"的评价和政府"坚定不移推进垃圾焚烧"的表态时，不仅没有主动选择妥协与让步，反而迅速将行动目标设定为"反对垃圾焚烧"，与媒介聚光灯下社会资源动员的便利性和多元意见引入下垃圾焚烧风险真相的揭露等密不可分。

概言之，公众参与作为规制政府决策风险的重要制度设计，其规制效用的产生实际必须以政府尊重并愿意接纳公众理性意见为前提，在此前提下，通过公开、平等、自由的讨论与协商达成风险共识，并依据这种共识来进行科学、谨慎的决策，方才是公众参与作为一种民众治理方式的内核所在。事实上，不仅仅是在本书所关注的引发社会冲突的环境风险决策上如此，转型社会下各种既定利益集团对政府公共决策的影响及其导致的与底层公众公共利益之间的矛盾冲突体现在公共决策的各个领域，如房价、城市拆迁、医疗改革等等，完善公众参与的制度建设对于化解这些转型社会冲突具有重要意义，公众参与作为政府主导下的一种可控民主可以说是令改革获得共识并能够进一步深入下去的重要保障。而在当下现实情境中，我国政府在公共决策与公共事务治理过程中主动开放的公众参与空间实际上是非常有限的，恰恰是公众策略性的参与行动在逐步拓展着这个体制空间的建构（参见蔡定剑，2009a：6）。在此过程中，大众传媒作为体制性利益表达管道中至关重要的一环，其民主参与功能的发挥也显得格外重要。

二 公众参与过程中传播与行动的"相互赋权"

贯穿于多地反建垃圾焚烧事件行动者之中的共同逻辑其实是权利实践逻辑，行动者通过"自我赋权"获得行动的合法地位与道德正义感，这种发起于社会底层的权力实践是推动"国家－社会"关系中"社会"一端发展的重要力量。而正如本研究中反复强调的，由于我国现阶段利益表达、利益协商以及公众参与的制度化渠道尚不健全，大众传媒成为了协调

① 笔者 2009 年 11 月 18 日北京六里屯居民访谈资料。

公众与政府之间矛盾冲突的重要出口，也导致社会运动对媒介的依赖大大增强，毫不夸张地说，大众传媒本身已经成为社会运动所处的政治机会结构的重要组成部分。媒体对行动者的开放度、对事件的关注度以及由此所引发的政府回应度都不同程度地影响着公众参与的传播路径、行动方式的选择以及公众对自我行动意义的认知与判断。或者说，在个人表达缺乏制度性支撑的情形下，媒介成为了个人、社会、国家互动的中介，成为建构"认同政治"的关键环节（孙玮，2008）。

　　但亦如本研究所显示的，威权体制下的大众传媒本身也并非"公共利益"的天然代言者，他们对社会冲突性议题的报道并不必然站在民众立场，当这些行动造成对正常社会秩序的破坏时，媒体亦有可能从维护社会秩序的角度对行动进行负面报道，复制国家处理抗争的模式。而不同记者对相似议题所采取的差异化报道取向实际上也体现出，随着我国经济的快速增长，大量记者一方面对体制内核心价值存有质疑，但另一方面又对体制之下带来的经济社会的高速发展有着认同（参加林芬、赵鼎新，2008），使得他们在对公众反对政府既定决策的行动进行价值判断时常存在着内在的冲突。这也就意味着，行动者要想调动媒介资源，使媒体积极介入公众的行动，就必须使媒体认识到他们所采取的行动对政府决策的推动意义。而对于转型期的中国社会而言，由于公众整体的环保意识缺乏，环保行为水平很低，环保 NGO 组织的力量又十分有限，使公众的环保运动往往表现出对媒介的强依赖性，也使媒介在其中所承担的"意义建构"者的角色对于行动者认知自我行动意义而言显得至关重要（参见孙玮，2007）。

　　如果试图将传媒对公众参与行动的"意义建构"落实到实践操作层面，那么，新闻专业主义作为一种规范性和解释性理论无疑具有重要意义。但就我国媒体实践而言，尽管西方新闻专业主义的新闻模式得到了我国从业者的广泛认可，新闻专业主义的操作规范、判断标准等也正日益影响着我国从业者的实践行为（Chan & Pan, 2004；郭镇之，1999），但同时也可以看到国家力量等外部控制也仍深刻影响着这种专业主义实践空间的大小，这种控制或通过直接宣传禁令方式体现，或通过国家权力对媒介组织的微观渗透体现，无论哪种方式的控制事实上都更多以模糊控制而非绝对控制形态出现——"从群众的需要出发，让他们知情、关注，参与到其中来。在这个前提下，没有什么是不能报道的，你说吉林通钢改组，职工不满意，引发群体性事件，打死了人，这个事情比你那个六里屯的事要严重100倍，不也报了吗？……很多事就是那些中宣部观察舆论的人定的标准，他觉得这个事情可以报就报，不行就不行。吉林通钢这个报了第一稿后，中宣部说不能炒作。（访问者：炒作如何界定？）是呀，就是很含糊的概念呀，你就是要从讲政治的角度出发去考虑，这个事情继续报有没有意义，是不是会影响社会稳定，（是）那就不报了呗。"① "政府禁止的咱们就不做，没禁的咱们就努力做呗。……宣传部当时（2009年11月6日）下达的禁令说：对于垃圾焚烧发电厂相关事宜暂不报道，广州市有关方面将发布新闻通稿。两天后，广州市城管委下达了通稿。根据这一条，就是在通稿下达前不能发稿，但通告发了后就可以啦。"② 两位受访者一位来自体制内媒体，一位来自专业主义取向的市场化媒体，前者强调"政治角度"，后者所强调的则是专业主义实践的"灵活操作"。传媒实践场域中从业者的专业主义实践正是在这样一种专业自主的需求与外部控制的较量中进行的。

诚然，就我国新闻从业者的专业主义实践而言，如既往不少研究所强调的，从业者的实践策略与智慧在开拓体制内专业主义实践空间中发挥了重要作用（陆晔、潘忠党，2002；张志安，2008）。但本研究则发现，公众参与对媒体新闻专业主义实践的推动作用同样不容小觑，在媒体受到传媒体制束缚难以获得新闻生产的自主的情境下，公众策略性的参与生产出的行动"合法化"话语对媒体报道起到了解放作用，实现了对媒体传播的"赋权"。

在公众参与主动为媒体传播"赋权"的同时，传统媒体对参与行动的"意义建构"和新媒体相对自主的传播平台也起到了为行动者"赋权"的作用。一方面，传统媒体报道的风险启蒙与行动动员对公众参与起到积极推动作用；另一方面，通过对居民行动意义的积极建构，传统媒体还对参与者起到了行动导向作用，建构着他们对自身行动意义的认知。六里屯项目缓建后媒体报道多强调了居民反建行动中的"公众参与"意义，认为在该事件中，"公众参与跟自身相关的公共事务的水平，已达到相当的

① 笔者2009年11月6日对北京媒体记者访谈的资料。
② 笔者2009年12月25日对广州媒体记者网络访谈的资料。

高度"①，而六里屯的一位受访者也反复以"公众参与"来解释他们行动的意义所在，"潘岳有句话我是在网上反复引用的，就是中国日趋严重的环境问题的最终解决动力来自公众……作为国家环保部那么高的负责人，他竟然说解决中国环境问题的最终动力来自公众，来自于我们，我反复想这件事，他一定有难言之隐……公众参与这块，我觉得我们在这件事上是，赵（章元）老师说，是种进步的力量，我们也确实是在往这方面努力，做了很多工作，媒体也做了很多工作。"② 而《时代周报》、《南方人物周刊》、《半月谈》等媒体则都强调了番禺事件中"公民"的力量，同样，这些报道内容也被受访者们认为是他们行动意义的证明。在这些相互呼应的话语表述中，媒体对行动者行动所赋予的公众参与、公民行动的意义显然得到了行动者个体的认同，这种认同对于行动而言既是使他们的行动获得道德上的正义感的最广泛的动员方式，同时也是合法化其行动的最有效的意义框架，传统媒体为公众参与行动的"赋权"意义从中可见一斑。

　　新媒体对参与者的赋权作用也同样表现明显。借助网络论坛这一信息公开传播的平台，普通公众可以不依赖大众媒体，自主发表观点，使得个体所感知到的风险得以迅速跨越公私领域边界，成为公众共同关注的社会问题。同时，新媒体提供的强大信息检索功能在一定程度上弥补了公众参与过程中公众与专家、政府之间信息不对称的状况，为公众主动揭示被遮蔽的风险信息提供了可能。依此看来，新媒体在公众参与过程中不仅扮演了行动动员者的重要角色，其所推动的公民传播实践本身也成为了传统媒体新闻生产活动的有力补充。这种公民传播的兴起可以被理解为是对媒体传播权力的一种重新分配，使得原有的由传统媒体"独揽"话语权的局面有所改变，普通民众亦可借助网络论坛、博客、手机短信等"自媒体（we media）"（Bowman& Willis，2003）建构自己的舆论议题，从而出现了一个与传统媒体并行的为底层民众赋权的表达空间（参见邱林川、陈韬文，2009）。在传统媒体因为身处国家与市场双重夹击之下而难以有效践行新闻专业主义的情况下，这种公民"自传播"形成的公众舆论一方

---

　　① 章轲：《六里屯垃圾焚烧发电项目暂停始末》，《第一财经日报》，2007 年 6 月 14 日 A01 版。

　　② 笔者 2009 年 11 月 4 日对北京六里屯居民访谈的资料。

面促使传统媒体调整固有新闻常规，吸纳新媒体对传统媒体权威性带来的冲击，另一方面也迫使政府不得不对强烈的民意作出积极回应以维护其统治的合法性和稳定性。

基于此，本研究认为，公众参与过程中传播与行动两者实际上构成一种"相互赋权"关系，共同建构出转型社会下公众参与的利益认同与行动意义。

三　以传媒公共领域保障公共讨论与协商的有效性

综上所述，在转型社会下制度化、常规化公众参与管道不健全，政府公共决策的有效监督机制尚不完善的情况下，传媒的民主参与成为了公众理性参与、有效参与的重要保障。但是，我们在肯定传媒民主参与对公众利益表达与公共利益之实现的重要作用的同时，也必须警惕媒体从业者因为个体风险知识等方面的局限性而被官方或部分专家风险话语所蒙蔽，不能准确判断与把握公众参与的积极意义与价值，简单复制国家处理环境抗争的模式的报道偏差。正如有论者所言，传媒的民主参与不仅要为公众提供更好的信息，帮助公众在参与式互动中形成对公共事务的恰当理解，同时也需要为这种互动搭建更为开放、平等和自由的对话与协商平台，使公众的意见不仅能够真实表达，还能够真正影响、参与、监督政府的公共政策决策，避免公众参与的形式化和仪式化（参见单波、黄泰岩，2003）。

将公众参与视为一个公共讨论与协商过程可以发现，讨论与协商虽不完全依赖于媒体公共领域展开，体制内的其他表达渠道也在发挥着其沟通与协调的功能，但诉诸体制内其他表达渠道的公众参与常以参与者的亲身到场为必要条件。由于缺乏必要的监督机制，这种场合下的讨论对决策者的影响力实际上非常有限，同时也限定了多元化意见介入的可能，降低了公共讨论的品质；而以传媒为中介的讨论则使不同意见得以以虚拟性在场的方式进行公开讨论，大大拓展了意见与信息的多元化程度，使得政府决策所关联到的公共利益概念得以重新界定。这种公众参与的差异具体体现在了北京六里屯和广州番禺两地公众媒介近用差异下所选取的不同参与路径对公众参与层次高低的现实影响中。

在六里屯案例中，由于缺乏诉诸媒体公共领域的公开讨论与辩论，使得居民对政府垃圾焚烧政策的讨论更多限定在了科学选址的问题上；而在番禺案例中，以媒体为中介的公开讨论则使得不同专家意见、政府解释和公众利益表达得到较为充分的讨论，使政府重新启动并开始积极推动多年来迟滞不进的垃圾分类工作，番禺居民在 2010 年全国两会前还主动联名上书全国人大，吁请中央政府以国家意志引领我国垃圾处理事业发展。换言之，在这种协商过程中，媒体公共领域的品质深深地影响了公共讨论与辩论的品质，也影响着公众参与的水平。

　　就垃圾焚烧这一特定风险决策的公众参与而言，公众与政府之间的对话与协商事实上始终围绕着"垃圾焚烧是否安全"以及"垃圾焚烧是否是垃圾处理的最优选择"这两个话题展开，而专家系统作为政府风险决策的主要技术支撑在这场对话与协商的过程中扮演着重要的角色。然而，尽管在当前转型社会之下，差异化的利益需求本身获得了合法性，但不同社群利益表达中所享有传播资源和话语权却仍存在显著差异。政府凭借其统治性地位所掌有的对于传播资源、社会资源以及关乎社会成员个体切身利益的物质与经济资源的直接或间接的控制力，有意或无意地遮蔽着垃圾焚烧的真实风险，使得无论是媒介还是公众对于决策风险的反思与批判都极大受到信息不对称的影响而难以有效参与政府决策。而正如上一点分析中所强调的，在此情况下，正是公众对媒体传播实践的积极参与使得被遮蔽的风险被逐渐揭示了出来，从而为更大范围公众对政府决策进行反思提供了可能。大众传媒则成为了风险博弈中的各方力量进行对话、协商乃至辩论的话语权争夺场域，使得多元利益群体对政府决策的不同意见得以公开表达，这种协商的过程最终以达成风险共识为目的，而公共利益亦依托于这种协商后共识的达成而实现。

　　作为协商民主中介的大众传媒应当是按照公共领域的规范要求来展开其实践，体现传媒公共性的，具体体现在其服务对象必须是公众，传媒作为公众的平台必须开放，其话语必须公开，传媒的使用与运作必须公正（潘忠党，2008：9）。尽管从我国媒体发展的外部条件来看，在从过去计划经济运作模式走向市场运作模式的过程中，媒体在经济上获得了相对的对立性，使其部分摆脱了政治权力的控制，在新闻实践领域获得了一定自主性（潘忠党，1997a，1997b；陆晔、潘忠党，2002；潘忠党、陈韬文，2005；陆晔，2005），监督公权力，服务公共利益成为媒体实践中至关重要的内容。但正如本研究对公众媒介近用状况的微观考察中所发现的一样，在"党国控制"的媒体体制基础与国家权力对社会微观结构的强力渗透之下，媒体以政府信源为常规信源的常规化新闻生产模式往往使得媒体在对可能引发冲突性事件的风险决策的前期报道常简单复制官方话语，难以发挥风险预警功能，对政府决策过程与决策的民主化问题缺乏主动的反思意识；在此情景下，与决策利益直接相关的公众对决策风险的敏感意识与积极表达成为了推动媒体监督政府决策机制的推动力量，凸显出公众参与对于传媒公共性之建构的重要作用。与此同时，作为社会风险决策体系重要构成部分的专家系统如何维持其专家的独立性，摆脱国家权力与利益集团对其话语的操纵性也是传媒公共性得以实现的重要影响因素。

概言之，面对转型社会下日益突出的社会矛盾与冲突，建构一种有效的利益协商机制已经成为当前重要而紧迫的重大问题，媒体则常常被寄予厚望，尤其是随着新媒体技术的发展，社会个体言论的表达变得更为简便和公开，也为公共讨论的展开提供了一个相对开放的平台，通过对底层民众的传播赋权，新媒体进一步修订着传统媒体固有的消息来源结构，使得公众意见的公开表达变得更为积极。但同时，从本研究所涉及的两个案例中公众近用新媒体的差异化效果来看，公众诉诸新媒体的行动动员、利益表达的传播效果、表达的有效性仍离不开传统媒体的支持，在新媒体与传统媒体的有效互动中，部分来自外部的控制力量被消解并推动了公众参与的进一步发展，这也就提示着我们传媒公共性的建构实际上始终是一个动态过程，对于传媒公共性的讨论也只能是植根于情境化的传播实践的产物，而不是对传媒服务公共利益、维系民主功能的简单预设，传媒公共性本身是特定场景中多方力量互动建构的结果。

建构传媒的公共性就是要确保媒体新闻生产依循传媒作为社会公器，服务于公共利益的形成与表达的逻辑来实践（潘忠党，2008：9），在我国新闻专业主义所赖以存在的政治、经济和行业间的制度原则无法统一的现实条件下，媒体的新闻专业主义实践尚远未成为媒体日常新闻生产的常规实践，表现出局域化和片段化的特征（陆晔、潘忠党，2002）。要建构一个以媒体为中介的公共讨论与协商平台，一方面有赖于不同层面的制度建设与策略性实践的保障，如宏观政治体制层面的改革、中观媒介组织层面的制度保障以及从业者微观实践中的策略性实践；另一方面则依赖于我国整体性公民社会的培育和在此过程中公民传播与行动的智慧与勇气。或者说，公众参与与传媒公共性的建构本身是一个相互嵌入、互动发展的过程，也是转型社会下我国公民社会建设的重要途径。

最后必须指出的是，由于本研究仅选取了垃圾焚烧争议中公众参与相对成功的两个典型案例作为研究对象，且两个案例中公众参与过程得以展开的场景具有一定的特殊性，这种特殊性一方面体现在特定案例中所关涉的特定项目决策的决策背景、过程及内容与其他各地引发争议的垃圾焚烧项目或不尽相同上，另一方面则体现在这两个城市作为我国公民社会发育较早的地方，其公众参与的整体能力与其他地方亦有不同，再一个则体现在北京作为我国首都的特定政治环境①以及广州作为我国改革开放前沿阵地的相对开放的媒体环境所结构出的公众参与的宏观传播环境的特殊性上。因此，对于不具备这些资源优势的国内其他城市居民反对垃圾焚烧厂的行动而言，公众参与则有可能呈现不同的策略与逻辑，对政府相关决策带来的影响亦可能存在显著差异，本研究缺乏对此类案例的比较分析，这无疑限定了本研究研究发现的解释力。

同时值得注意的是，近年来快速发展的社交媒体给我们所处的传播环境带来了巨大变革，这些传播技术与传播环境的变革也为公众参与更为丰富的实践资源与可能，而这些鲜活的现实变革，笔者在本书受限的案例研究中尚未能进行有效观察与研究，需待日后进一步关注。

此外，由于本研究所关注的仅仅是案例中以公众为主体的参与行动对传媒公共性之建构的影响，但实际上，环保 NGO 组织、人大代表、政协委员等在整个事件中的作用同样不容忽视，值得后续研究进一步予以考察。

---

① 例如北京六里屯居民在反建后期与政府的协商很大程度上是通过正面拜访的方式进行的，拜访组成员自己亦认识到了他们因为身处北京，拜访国家环保部这样的中央权力机关有着很大的便利性优势，能够"抬脚就走，反复拜访"，而对于其他城市的居民而言，要想做到这一点显然是非常困难的。根据笔者 2009 年 11 月 4 日对六里屯居民访谈的资料。

参 考 文 献

［1］蔡定剑主编：《公众参与：风险社会的制度建设》，法律出版社 2009
年版。

［2］蔡定剑主编：《公众参与：欧洲的制度和经验》，法律出版社 2009
年版。

［3］曹卫东：《哈贝马斯在汉语世界的历史效果》，《现代哲学》2005 年
第 1 期。

［4］陈怀林：《九十年代中国传媒的制度演变》，《二十一世纪》1999 年
第 53 期。

［5］陈剩勇、杜洁：《互联网公共论坛与协商民主：现状、问题和对策》，
《学术界》2005 年第 5 期。

［6］陈家刚：《协商民主引论》，《马克思主义与现实》，2004 年第 3 期。

［7］陈家刚主编：《协商民主》，上海三联书店 2004 年版。

［8］陈家刚：《协商民主：概念、要素与价值》，《中共天津市委党校学
报》2005 年第 3 期。

［9］陈家刚：《多元主义、公民社会与理性：协商民主要素分析》，《天津
行政学院学报》2008 年第 7 期。

［10］戴维·米勒著，聂智琪译：《审议民主与社会选择》，谈火生编：
《审议民主》，江苏人民出版社 2007 年版。

［11］冯仕政：《西方社会运动研究：现状与范式》，《国外社会科学》
2003 年第 5 期。

［12］何明修：《政治机会结构与社会运动研究》，台湾社会学会年会，
2003 年 11 月 30 日（http：//tsa. sinica. edu. tw/Imform/file1/
2003meeting/112910_ 1. pdf）。

［13］黄家亮：《通过集团诉讼的环境维权：多重困境与行动逻辑——基

于华南 P 县一起环境诉讼案件的分析》，黄宗智主编：《中国乡村研
究（第 6 辑）》，2008 年版。

［14］黄宗智：《中国的"公共领域"与"市民社会"？——国家与社会
间的第三领域》，［美］杰弗里·亚历山大，邓正来主编：《国家与
市民社会：一种社会理论的研究路径（增订版）》，上海人民出版社
2006 年版。

［15］郝晓鸣、李展：《传播科技对中国大陆传媒体制的挑战》，《新闻学
研究》2001 年第 69 期。

［16］贾西津主编：《中国公民参与——案例与模式》，社会科学文献出版
社 2008 年版。

［17］李立峰：《范式订定事件与事件常规化：以 YouTube 为例分析香港
报章与新媒体的关系》.《传播与社会学刊》2009 年第 9 期。

［18］李猛：《如何触及社会的实践生活?》，张静主编：《国家与社会》，
浙江人民出版社 1998 年版。

［19］李艳红：《大众传媒、社会表达与商议民主——两个个案分析》，
《开放时代》2006 年第 6 期。

［20］林芬、赵鼎新：《霸权文化缺失下的中国新闻和社会运动》，《传播
与社会学刊》（香港）2008 年第 6 期。

［21］林贞娴：《台湾环境运动与媒体再现》，台湾："国立"东华大学环
境政策研究所，2005 年。

［22］刘能：《怨恨解释、动员结构和理性选择——有关中国都市地区集
体行动发生可能性的分析》，《开放时代》2004 年第 4 期。

［23］刘祖云：《社会转型解读》，武汉大学出版社 2005 年版。

［24］卢晖临：《迈向叙述的社会学》，《开放时代》2004 年第 1 期。

［25］陆晔、潘忠党：《成名的想像：中国社会转型过程中新闻从业者的
专业主义》，《新闻学研究》2002 年第 71 期。

［26］陆晔：《权力与新闻生产过程》，《二十一世纪》2005 年第 45 期。

［27］孟伟：《日常生活的政治逻辑——以 1998—2005 年间城市业主维权
行动为例》，中国社会科学出版社 2007 年版。

［28］潘忠党：《大陆新闻改革过程中象征资源之替换形态》，《新闻学研
究》1997 年第 54 期。

［29］潘忠党：《"补偿网络"：作为传播社会学研究的概念》，《国际新闻

界》1997 年第 3 期。

[30] 潘忠党:《新闻改革与新闻体制的改造——我国新闻改革实践的传播社会学之探讨》,《新闻与传播研究》1997 年第 3 期。

[31] 潘忠党、陈韬文:《中国改革过程中新闻工作者的职业评价和工作满意度——两个城市的新闻从业者问卷调查》,《中国传媒报告》2005 年第 1 期。

[32] 潘忠党:《传媒的公共性与中国传媒改革的再起步》,《传播与社会学刊》2008 年第 6 期。

[33] 乔世东:《社会资源动员研究》,《上海交通大学学报（哲学社会科学版）》2009 年第 5 期。

[34] 邱林川、陈韬文:《迈向新媒体事件研究》,《传播与社会学刊》2009 年第 9 期。

[35] 邱林川、陈韬文主编:《新媒体事件研究》,中国人民大学出版社 2011 年版。

[36] 《中国固体废弃物管理:问题和建议,世界银行东亚基础设施部城市发展工作报告》,2005 年 5 月（http://www.worldbank.org.cn/Chin...e – Management_ cn.pdf）。

[37] 沈星:《社会的生产》,《社会》2007 年第 2 期。

[38] 单波:《直面自由的挑战,择善而从》,《"反思与展望:中国传媒改革开放三十周年笔谈"》,《传播与社会学刊》2008 年第 6 期。

[39] 单波,黄泰岩:《新闻传媒如何扮演民主参与的角色?——评杜威和李普曼在新闻与民主关系问题上的分歧》,《国外社会科学》2003 年第 3 期。

[40] 孙立平:《"过程 – 事件分析"与当代中国国家—农民关系的实践形态》,《清华社会学评论（特辑1）》,鹭江出版社 2000 年版。

[41] 孙立平:《实践社会学与市场转型过程分析》,《中国社会科学》2002 年第 5 期。

[42] 孙立平:《失衡:断裂社会的运作逻辑》,社会科学文献出版社 2004 年版。

[43] 孙立平:《转型与断裂——改革以来中国社会结构的变迁》,清华大学出版社 2004 年版。

[44] 孙立平:《中国进入利益博弈时代》,《经济研究参考》2005 年第

68 期。

［45］ 孙立平：《从政治整合到社会重建》，2009 年 9 月 21 日（http：//
www. wyzxsx. com/Article/Class17/200909/105503. html）。

［46］ 孙玮：《中国"新民权运动"中的媒介"社会动员"——以重庆
"钉子户"事件的媒介报道为例》，《新闻大学》2008 年第 4 期。

［47］ 孙玮：《"我们是谁"：大众媒介对于新社会运动的集体认同感建
构》，《新闻大学》2007 年第 3 期。

［48］ 孙玮：《转型中国环境报道的功能分析——"新社会运动"中的社
会动员》，《国际新闻界》2009 年第 1 期。

［49］ 童燕齐：《转型社会中的环境保护运动》，自然之友《通讯》，2003
年第 4 期（http：//www. fon. org. cn/content. php？ aid = 7563）。

［50］ 童志锋：《对我国环境污染引发群体性事件的思考》，杨东平主编：
《中国环境的危机与转机（2008）》，社会科学文献出版社 2008
年版。

［51］ 万健琳：《参与式民主理论述评：基于公民身份的政治》，《国外社
会科学》2010 年第 1 期。

［52］ 汪晖：《环保是未来的"大政治"——打破发展主义共识寻找新出
路》，《绿叶》2008 年第 2 期。

［53］ 汪晖、许燕：《"去政治化的政治"与大众传媒的公共性——汪晖教
授访谈》，《甘肃社会科学》2006 年第 4 期。

［54］ 王绍光：《中国公共政策议程设置的模式》，《中国社会科学》2006
年第 5 期。

［55］ 王绍光：《政治文化与社会结构对政治参与的影响》，《清华大学学
报》2008 年第 4 期。

［56］ 王锡锌：《公众参与和行政过程——一个理念和制度分析框架》，中
国民主法制出版社 2006 年版。

［57］ 王锡锌： 《行政过程中公众参与的制度实践》，中国法制出版社
2008 年版。

［58］ 魏斐德：《市民社会和公共领域问题的论争——西方人对当代中国
政治文化的思考》，［美］杰弗里·亚历山大，邓正来主编：《国家
与市民社会：一种社会理论的研究路径（增订版）》，上海人民出版
社 2006 年版。

［59］吴毅：《"权力—利益的结构之网"与农民群体性利益的表达困境——对一起石场纠纷案例的分析》，《社会学研究》2007 年第5 期。

［60］夏倩芳：《党管媒体与改善新闻管理体制——一种政策和官方话语分析》，《新闻与传播评论》2004 年卷。

［61］夏倩芳、张明新：《社会冲突性议题之党政形象建构分析——以〈人民日报〉之"三农"常规报道为例》，《新闻学研究》2007 年第91 期。

［62］夏倩芳、黄月琴：《"公共领域"理论与中国传媒研究的检讨：探寻一种国家——社会关系视角下的传媒研究路径》，《新闻与传播研究》2008 年第5 期。

［63］夏倩芳、袁光锋，陈科：《制度性资本、非制度性资本与社会冲突性议题的传播——以国内四起环境维权事件为案例》，《传播与社会学刊》2012 年第22 期。

［64］许章润：《多元社会利益的正当性与表达的合法化——关于"群体性事件"的一种宪政主义法权解决思路》，《清华大学学报（哲学社会科学版）》2008 年第4 期。

［65］杨东平主编：《2006：中国环境的转型与博弈》，社会科学文献出版社 2007 年版。

［66］于建嵘：《当前农村环境污染冲突的主要特征及对策》，《世界环境》2008 年第1 期。

［67］曾繁旭：《国家控制下的 NGO 议题建构——以中国议题为例》，《传播与社会学刊》2009 年第8 期。

［68］曾繁旭、黄广生、刘黎明：《运动企业家的虚拟组织：互联网与当代中国社会抗争的新模式》，《开放时代》2013 年第3 期。

［69］郑瑞城：《从消息来源途径诠释近用媒介权：台湾的验证》，《新闻学研究》1991 年第45 期。

［70］喻靖媛、藏国仁：《记者及消息来源互动关系与新闻处理方式之关联》，藏国仁主编：《新闻"学"与"术"的对话Ⅲ：新闻工作者与消息来源》，三民书局（台湾）1995 年版。

［71］展江、吴麟：《公众参与中的媒介角色及其作用》，贾西津主编：《中国公民参与——案例与模式》，社会科学文献出版社 2008 年版。

［72］ 展江、吴麟：《社会转型与媒体驱动型公众参与》，蔡定剑主编：
《公众参与：风险社会的制度建设》，法律出版社 2009 年版。

［73］ 张志安：《新闻生产与社会控制的张力呈现——对〈南方都市报〉
深度报道的个案分析》，《新闻与传播评论》2008 年卷。

［74］ 赵月枝：《中国和国际传播的民主化——中国传媒改革的未来方
向》，《"反思与展望：中国传媒改革开放三十周年笔谈"》，《传播
与社会学刊》2008 年第 6 期，第 25—27 页。

［75］ 沃特·阿赫特贝格著，周战超译：《民主、正义与风险社会：生态
民主政治的形态与意义》，《马克思主义与现实》2003 年第 3 期。

［76］ ［德］哈贝马斯：《公共领域》，汪晖、陈燕谷：《文化与公共性》，
三联书店 1998 年版。

［77］ ［德］哈贝马斯：《在事实与规范之间：关于法律和民主治国的商谈
理论》，童世骏译，三联书店 2003 年版。

［78］ ［德］乌尔里希·贝克：《风险社会》，何博闻译，译林出版社 2004
年版。

［79］ ［德］乌尔里希·贝克：《世界风险社会》，吴英姿、孙淑敏译，南
京大学出版社 2004 年版。

［80］ ［美］史蒂芬·布鲁耶：《打破恶性循环：政府如何有效规制风
险》，宋华琳译，法律出版社 2009 年版。

［81］ ［美］Gurevitch M.，Woollacott J.：《媒体研究：理论取向》，Mi-
chael Gurevitch 等：《文化、社会与媒体》，陈光兴等译，远流出版
事业股份有限公司（台湾）1992 年版。

［82］ ［美］Roshco B.：《制作新闻》，姜雪影译，远流出版事业股份有限
公司（台湾）1994 年版。

［83］ ［美］Schramm W.：《大众传播的责任》，程之行译，远流出版事业
股份有限公司（台湾）1992 年版。

［84］ ［美］艾尔东·莫里斯、卡洛尔·麦克拉吉·缪勒主编：《社会运动
理论的前沿领域》，刘能译，北京大学出版社 2002 年版。

［85］ ［美］巴伯：《强势民主》，彭斌、吴润洲译，吉林人民出版社 2006
年版。

［86］ ［美］盖伊·塔奇曼：《做新闻》，麻争旗、刘笑盈、徐扬译，华夏
出版社 2008 年版。

［87］［美］卡罗尔·佩特曼：《参与和民主理论》，陈尧译，上海世纪出版集团 2006 年版。

［88］［美］科恩：《论民主》，聂崇信，朱秀贤明译，商务印书馆 1988 年版。

［89］［美］罗伯特·K.殷：《案例研究方法的应用》，周海涛译，重庆大学出版社 2004 年版。

［90］［美］马克斯威尔：《质的研究设计：一种互动的取向》，朱光明译，重庆大学出版社 2007 年版。

［91］［美］迈克尔·罗斯金等：《政治科学》，林震等译，华夏出版社 2000 年版。

［92］［美］梅维·库克：《协商民主的五个观点》，陈家刚主编：《协商民主》，上海三联书店 2004 年版。

［93］［美］詹姆斯·D.费伦：《作为讨论的协商》，陈家刚主编：《协商民主》，上海三联书店 2004 年版。

［94］［美］托德·吉特林：《新左派运动的媒介镜像》，张锐译，华夏出版社 2007 年版。

［95］［美］詹姆斯·博曼：《公共协商：多元主义、复杂性与民主》，黄相怀译，中央编译出版社 2006 年版。

［96］［美］詹姆斯·博曼、威廉·雷吉主编：《协商民主：论理性与政治》，陈家刚等译，中央编译出版社 2006 年版。

［97］［美］迈克·舒德森：《新闻生产的社会学》，［英］詹姆斯·库兰、［美］米切尔·古尔维奇编：《大众媒介与社会》，杨击译，华夏出版社 2006 年版。

［98］［英］詹姆斯·库兰：《对媒介和民主的在思考》，［英］詹姆斯·库兰、［美］米切尔·古尔维奇编：《大众媒介与社会》，杨击译，华夏出版社 2006 年版。

［99］［美］杰伊·G.布拉姆勒、米切尔·古尔维奇：《对政治传播学研究的再思考》，［英］詹姆斯·库兰、［美］米切尔·古尔维奇编：《大众媒介与社会》，杨击译，华夏出版社 2006 年版。

［100］［法］让－马克·夸克：《合法性与政治》，佟心平、王远飞译，中央编译出版社 2002 年版。

［101］［加］约翰·汉尼根：《环境社会学》，洪大用等译，中国人民大

学出版社 2009 年版。

［102］［加］罗伯特·A.海科特、威廉姆·K.凯偌尔:《媒介重构:公共传播的民主化运动》,李异平、李波译,暨南大学出版社 2011 年版。

［103］［日］猪口孝、［英］爱德华·纽曼、［美］约翰·基恩编:《变动中的民主》,林猛等译,吉林人民出版社 1999 年版。

［104］ Adams W. C. (1993). The role of media relation in risk communication, Pulic relations quarterly. 37 (4): 28 – 32.

［105］ Allsopp M. . Constner P. & Johnston P. (2001). Incineration and Human Health: State of Knowledge of the Impacts of Waste Incinerators on Human Health. (http://archive. greenpeace. org/ ~ toxics/reports/ euincin. pdf).

［106］ Arnstein S. R. (1969). A ladder of citizen participation. Journal of American Institute of Planners. 35 (4): 216 – 224.

［107］ Beder S. (1999). Public participation or public relations? (http:// www. uow. edu. au/arts/sts/TPP/beder. html).

［108］ Bimber B. . Flanagin A. J. & Stohl C. (2005) Reconceptualizing collective action in the contemporary media environment. Commmunication theory. 15 (4): 365 – 388.

［109］ Boczkowski P. J. (2004). The processed of adopting multimedia and interactivity in three online newsroom. Journal of communication. 6: 197 – 213.

［110］ Bowman S. & Willis C. (2003). We media: How audiences are shaping the future of news and information. (http://www. campusdemedia. it/public/we_ media%5B1%5D. pdf).

［111］ Chess C. &Purcell K. (1999). Public participation environment: do we know what works. Environmental Science&Technology. 33 (16): 2685 – 2692.

［112］ Chan J. M. . Pan Z. D. & Lee F. L. F. (2004). Professional aspirations and job satisfaction: chinese journalists at a time of change in the media, Journalism and Mass Communication Quarterly. 81 (2): 254 – 273.

[113] Cottle S. (1998). Ulrich Beck, "risk society" and the media. European Journal of Communication. 13 (1): 5 – 32.

[114] Downs A. (1972) Up and down with ecology——the "issue – attention cycle". The public interest. 28: 38 – 51.

[115] Eisinger P. K. (1973). The conditions of protest behavior in American cities. The American Political Science Review, 67 (1): 11 – 28.

[116] Freidson E. (2001). Professionalism: the third logic. The University of Chicago Press. Chap. 6: 127 – 151.

[117] Frewer L. (1990). Pulic participation in risk management decisions: the right to define, the right to know, the right to act. Risk – issues in health and safety. 1 (22): 95 – 101.

[118] Gamson W. A. & Wolfsfeld G. (1993). Movements and media as interacting systems. The annals of the American academy. 528: 114 – 125.

[119] Golding P. & Mordoc G. (1978). Theories of communication and theories of society. Communication research. 5 (3): 339 – 356.

[120] Gutteling J. M. & Wiegman O. (1996). Exporing risk communcation. Kluwer academic publishers.

[121] Hampton G. (1999). Environmental equity and public participation. Policy Sciences 32: 163 – 174.

[122] Htchins B. & Lester L. (2006). Environmental protest and tap – dancing with the media in the information age: 433 – 451.

[123] Koopmans R. (2004). Movements and media: selection processes and evolutionary dynamics in the public sphere. Theory and society. 33: 367 – 391.

[124] Lipsky M. (1968). Protest as political resource. American political science review. 62: 1144 – 1158.

[125] McComs K. & Shanahan J. (1999). Telling stories about global climate change: measuring the impact of narratives on issue cycles. Communication research. 26 (1): 30 – 57.

[126] McGairity T. O. (1990). Public participation in risk regulation, Risk – issues in health and safety. 1 (22): 103 – 130.

[127] Molotch H. & Lester M. (1975). Accidental news: the great oil spill

as local occurrence and national event. The American journal of sociolo-gy. 81 (2): 235 –260.

[128] Myers D. J. (2000) The diffusion of collective violence: infectious-ness, susceptibility, and mass media network. The American journal of sociology. The American journal of sociology. 106 (1): 173 –208.

[129] Oliver P. E.. Myers D. J. (1999). How events enter the public sphere: conflict, location, and sponsorship in local newspaper coverage of public events. The American journal of sociology. 105 (1): 38 – 87.

[130] Rowe G. & Frewer L. J. (2000). Public participation methods: a framework for evaluation. Science, Technology & Human Valuses. 25 (1): 3 –29.

[131] Sigelman L. (1973). Reporting the news: An organizational analysis. American Journal of Sociology. 79 (1): 132 –151.

[132] Stallings R. A. (1990). Media discourse and the social construction of risk. Social problems. 37 (1): 80 –95.

[133] Tuchman G. (1972). Objectivity as strategic ritual: An examination of newsmen's notions of objectivity. American Journal of Sociology. 77 (4): 660 –679.

[134] Tuchman, G. (1974). Making news by doing work: Routinizing the unexpected. American Journal of Sociology. 79 (1) : 110 –131.

[135] Webler T.. Tuler S. & Krueger R. (2001). What is a good public par-ticipation process? Five perspectives from the public. Environmental Management. 27 (3): 435 –450.

[136] Wilson J. Q. (1961) The strategy of protest: Problems of Negro civic action. The journal of conflict resolution. 5 (3): 291 –303.

后　记

时光如梭，转眼博士毕业居然已 5 年。

毕业后一直忙于教学和生活琐事，感觉自己俨然成了生活在"学术圈"之外的人。比照当下"上课机器"般连轴转的现实生活，我时常怀念起那段曾被自己视为"炼狱"的博士生生活。

回首三年的读博生活，导师夏倩芳教授的点滴教诲浮现于脑海之中，感动、感激、感恩之情难以言表。期间虽备尝做学问之艰辛，也曾无数次怀疑过自己选择读博是一个错误的决定；但幸得导师不弃，总是给予悉心指点与鼓励，其敏锐的学术视角、严谨的治学态度以及深厚的理论修为无不使我深感钦佩与敬畏。毕业后夏老师也时常与我分享科研动态、文献资料，但自己为琐事所累在学术上懈怠不前，感觉有愧导师栽培之情，无奈而又自责。

本书在我博士毕业论文基础上形成的，可以说其中也饱含了我的导师夏倩芳教授的心血，她当年为我提供实地调研的经费支持，帮我设计深度访谈问题，又安排同门的硕士学弟、学妹为我整理访谈录音，使我能够有更多时间去进行论文思考与写作。此后，在跟进案例发展变化的基础上，我又多次对博士论文进行了修改与完善，形成了本书的书稿。

也正是在修改论文过程中，广东佛山、浙江杭州等地又陆续发生了民众反对当地垃圾焚烧项目事件，民众"邻避思维"成为各地政府垃圾焚烧项目决策的障碍。2015 年 3 月全国两会期间，有政协委员提出，PX、垃圾焚烧等项目陷入"一闹就停"的尴尬境地与民众科学素养不足紧密相关；4 月，福建漳州古雷 PX 项目就发生爆炸，民众对 PX 项目的反对情绪更加高涨。事实上，此类风险决策的"邻避"困境并非单纯由于民众科学素养不足，更重要的是公众与政府之间信任危机的问题，在这样的现实问题下，完善风险决策的公众参与机制不仅是规制风险的重要路径，也是重塑公众与政府信任体系的关键环节。

　　而在北京六里屯和广州番禺垃圾焚烧厂事件发生之后，我们也不难发现，两起事件中公众的理性参与对政府相关公共决策以及相关公众参与制度的建构本身都起到了很大的推动作用，一方面，北京、广州两地的垃圾分类工作被提上议程，有序推进；另一方面，公众参与相关风险决策的制度建设、政府对垃圾焚烧企业的监管制度建设等也在逐步推进，这些都可以被视为公众参与与政府决策之间良性互动的结果。

　　毫无疑问，风险规制的公众参与是现代风险社会重要而紧迫的研究问题，本书的研究仅仅是在经验研究层面对特定案例的研究，存在明显的研究局限，有待日后研究予以进一步关注。我本人也希望以本书出版为一个研究的新起点，努力开拓新的更具理论与现实价值的研究场域。

　　最后，我仍不能免俗地要借机再感谢一圈必须感谢的人：

　　感谢调研过程中为我提供诸多无私帮助，并贡献他们实践智慧的访谈对象；

　　感谢我的硕导秦志希教授在我成长道路上给予的诸多关爱与指导；

　　感谢我的博士同门黄月琴、张丕万在生活和学习上给予我的关心、支持与帮助；感谢我的同窗好友刘漾榴，从硕士到博士，从一面之交的普通朋友到无话不谈的闺蜜，武大留下我们太多美好记忆；感谢挚友朱亚、庄曦，若不是你们免费提供给我的宿舍，我当年可能就无法如期毕业了；感谢外表柔弱内心强大的周娟同学，不得不说，你对生活品质的追求间接提升了我博士阶段生活的质量……人生中正是因为有了你们的存在才变得更加多彩和令人向往。

　　感谢我所有的家人，感谢你们在我遇到困难、挫折、意外的时候给我提供坚强的后盾，给我继续前行的动力；感谢我的女儿张楚珞，书稿的大部分修改工作是你还在我肚子里的时候完成的，那时的你还未能充分展示你调皮的本性，待你出生后，我就没有睡过一个整觉，身为女儿身的你虽然比男孩还调皮，让我时常感到无奈，但见证你成长中的每一步也是我为人母之后才体验到的人生的另一种幸福，这种幸福叫"累并快乐着"。

　　结尾时最大的遗憾莫过于不能与母亲分享这一切，但我仍相信，天国虽遥远，亲情却永远能够超越时空联通，愿母亲能为我而感到欣慰！

2015 年 4 月 25 日
于化成岩脚下